U0165320

台積電制霸全球未來

從人工智慧、機器人到電動車，
未來十年全世界仍是台積電的天下

王百祿 著

序

2022 年下半年的某一天，俄羅斯發射了 17 顆超音速巡弋飛彈到烏克蘭境內，卻被只是一般速度的愛國者飛彈打下 12 顆，愛國者飛彈為什麼那麼厲害？前一年全球汽車大廠德國雙 B、豐田、福特因缺乏若干晶片，導致數十種車款停工待料，交車期延長數個月。未來還會再發生嗎？會不會更嚴重？看了本書，您就會得到答案。

高通副總裁劉思泰 2024 年 5 月在一場對談會中說：截至這個月，ChatGPT 的使用人數已到 14 億人！這個世界正以前所未見的開發速度與廣度，捲入人工智慧（AI）應用的大浪潮，除了生成式對談系統越見精確與豐富內容外，AI 深入各行各業的應用，幾乎每天都有令人驚豔的利基市場出現，相信再過 3、5 年，AI 親切、個人化的表現，將在我們每個人的周遭處處可見。比起 60 年前的大型電腦、40 年前的個人電腦、30 年前的網際網路、15 年前的智慧手機，這波人工智慧應用

風潮來得既快又廣泛；並且，它不像前三大發明問世那樣，先從政府、中大型工商機構企業開始，若干年後，再進入家庭及個人領域，而是同時進入家庭、機構、個人各個領域。

它也不像這幾大科技入世時，先從文字、數字，再到圖片、語音然後才進入影像領域。從 2022 年底開始，到 2024 年下半年，短短將近 2 年的時間，人工智慧已經侵入文字、語音、圖片、影片的多元多重資訊呈現，這種多姿多彩的表現，老實說，用「瞠目結舌」不足以形容。

為什麼這次 AI 的應用如此快速、廣泛？說穿了，其實就是幾項科技技術進步、大環境的水到渠成，它們包括：

- 記憶體（記憶 IC）變得容量超大、體積超小、價格又便宜。
- 高速電腦運算速度快過 90 年代數千倍。
- 網際網路加上 5G 的通訊容量、頻寬進步數百倍。
- 資料經年累月的聚積，真正達到「大數據」的規模。
- 機械語言深度學習及神經網絡突破搜尋的能力，更精確快速。

我們如果翻閱過去電腦網路的發展軌跡，會發覺人工智慧早在 80 年代 IBM 就開始研究，1986 年日本筑波世界博覽會上，IBM 為此展出第一代 AI 肺部診療系統。

而以 AI 打敗當世圍棋高手這樣的系統，也早從千禧年也就是 2000 年左右，即開始研究，卻一直到 2021 年才有令世

人刮目相看的成績。AI圍棋系統一舉打敗了所有圍棋高手，why？正是前述這五個科技的突飛猛進。

2024年5月，友達董事長彭雙浪預估2025年AI PC會佔所有個人電腦出貨2.45億台中的20%，相當於5千萬台，專家估計2027年會到一億台的銷量。當AI進入工商業、政府機構、非營利團體、家庭、個人各個領域時，大家工作、生活、學習都充分倚賴AI時，一旦停止服務了，怎麼辦？我們看到NVIDIA執行長黃仁勳2024年3月在GTC技術大會上，九款不同的擬人形智慧機器人站在他背後的舞台上，它們運用輝達最新功能的晶片運作，動作十分的靈活、精巧。迥異十幾年前機器人那種笨拙，現在的這些機器人已十分「智慧」，相信再過十年，這種擬人化的智慧機器人舉重若輕，既會幫老人家泡杯咖啡、還可幫你翻身、扶你散步、陪你聊天，並且，聊天的範圍天南地北、無所不知，永不厭倦，也不會情緒化。試想想看，這樣的機器人全球一、二十億65歲以上的老者誰不愛？然而，當生活上，不能沒有它，卻停止供應了，怎麼辦？

電動汽車是這幾年全球最熱門的產業，正如本書第一章說明的，一輛Level 1 EV整台車子各色各樣的晶片功能，讓車子猶如一部電腦般的聰明、自動化，算一算，整部車的晶片在200-300顆之間，專家估計，再過幾年，Level 4普及後，整部車上的晶片恐怕將近2千顆，驚人吧？記得2021年全球

因為晶片缺貨，使得各大車廠都有3、5種以上車款停工待料，交車時間延遲數個月。這還是幾種晶片而已。如果，有一家全球先進電動汽車的晶片製造廠，供應各車10%以上的精密晶片，卻因某種原因停止供貨，全球大部分的車廠紛紛停工，而且，一停就是半年、一年，想想看豈不天下大亂？除非，把車子的功能設計回復到十幾年前的水準，放棄大部分的晶片設計、裝配，那麼，可能嗎？

前言

　　全球工業化三百年來，從來沒有一家企業像台積電一樣，靠自身技術不斷精進的努力，掌握了全球先進晶片九成的製造供應能力。它不像國際品牌企業百年來到處攻城掠地，取得決定性的市場地位，相反的是，全球最優秀的科技公司：蘋果、亞馬遜、谷歌、Meta、Alphabet、特斯拉或 AI、IC 設計領域的輝達、高通、AMD、聯發科，爭相將最新產品核心晶片的訂單交給台積電。一如最近一年，每家公司 AI 晶片（GPU）每月數十萬顆、上百萬顆的，灑下大額晶片訂單，只給全球唯一擁有優越先進晶片製程的台積電；多年下來，把台積電拱到今天獨一無二的局面。

　　一旦，台積電有天突然停止了營運，那麼汽車產業、智慧家電、工廠自動化、智慧手機、智慧 PC、機器人、生物醫療、通通因為缺乏核心晶片而停擺，全球經濟將會受到何等的重大衝擊？

自從 1971 年中華民國台灣退出聯合國以來，已經過了半個世紀，前二十年，整體國際能見度低，外人常常因為英文國名的關係，把泰國跟台灣混淆；甚至於，大多數的外國人都不知道台灣的地理位置。但是 1990 年代，隨著台灣在個人電腦及周邊產品卓越的設計及製造能力，在國際間的能見度漸漸打開；後來，蘋果手機一代又一代由台灣 EMS 廠商製造，輸出到世界各地，傑出的品質備受讚揚。尤其 iPhone10 開始，內置先進晶片都由台積電打造，世人又注意到台灣在半導體先進晶片的技術，居然獨步全球。

　　2022 年起，AI 這股大風吹起，AI 教父黃仁勳在國際舞台上不斷拿台積電與台灣資通產業的表現，再三向全球各界人士推介、強調，以及全美排名前十大的科技公司，CEO 紛紛來台站台，更將台灣的國際知名度一下子拉高到頂點。

　　未來十年，隨著 AI 向各行各業、機構與家庭、個人的應用推擴，「台積電＋輝達＋ AMD ＋微軟＋ Google ＋ Apple……」以及「輝達＋台灣百家資通廠商＋數十家應用廠商……」的組合，更會在每一個 AI 應用領域，掀起千堆雪。它不僅僅會像蘋果 iPhone 這樣普及個人、生活、教育各層面，它更會為全球工商業的「產銷人發財」重新改頭換面，精確、快速、個人化的服務都將成為事實。這是筆者繼《台積電為什麼神？：揭露台灣護國神山與晶圓科技產業崛起的秘密》這本書於 2021 年出版後，興起撰寫第二本與台積電、AI 相關

主題的緣由。

　　爲了強化各章節內容的可信度與閱讀性，讓讀者接觸到大師級的見解看法，筆者特別專訪台積電董事長劉德音與台灣DRAM教父高啟全，將他們的見解融入各章節內容，增加內容的視野，是本書的特色之一。

　　本書第二個特色，指出了台積在日本熊本設廠，對日本現有主力產業汽車、機械人、工業自動化、生物醫藥、智慧家電生存及未來發展的關鍵性。針對台積電在美國亞利桑那設廠，所謂「去台化」，也提出了另類分析。它其實關乎美國在軍事太空繼續領先的重要性。

　　第三個特色重點是，隨著AI這波的廣泛應用趨勢，各個先進國家工商業未來十年，如果沒有追上AI，經濟、產業競爭力將落於下風，本書作了許多描述、分析。由於全球90%先進晶片掌握在台積電手裡，台積電一旦受到外力影響，停止供應先進晶片，對全世界的經濟、產業，將是一場大災難！也是本書此次解析的主題。

致謝

　　筆者繼 2021 年，出版了《台積電為什麼神？》這本書後，所以再撰寫第二本跟台積電有關的書，基於兩點：首先是這三、四年多來台積電剛好面臨了美日德的海外設廠，美國對敏感科技的管制、監視，COVID-19 等多項全球政經重大事件。台積電如何運籌帷幄？筆者除了多方搜集資料、查證、消化成文章外，在台積電相關主管幫忙及協調下，專訪了劉德音董事長。他在退休前百忙之中，撥冗接受訪問，提出對以上事件的看法。更感謝的是訪問事後，劉德音董事長及同仁協助修正訪問稿內容、以及本書有關台積電各種論述及數據、名詞等，他們逐字逐句、實事求是的細心精神，令人欽佩，更增加本書的可信度，十分感謝他們。

　　另外，中國大陸半導體產業近年發展突飛猛進，雖然被美國實施科技管制，仍然想盡辦法突破，對台灣晶圓代工產業是否構成威脅？特別專訪被稱為「台灣 DRAM 教父」的高

啟全先生。在專訪中，他暢談投入半導體產業的過程，及詳細剖析中國半導體產業的現況與未來，坦率、專業的看法，值得大家參考，很謝謝他。

前行政院副院長沈榮津也在總統府資政任內，以他親身參與，經濟部協助國內半導體產業及台積電數十年的政策規劃與執行，接受筆者訪問。細數政府對含台積電在內半導體產業的具體重點、做法，讓大家了解，台灣半導體產業所以有今日傲人的成就，是產官協力合作下的成果。

筆者這幾年來，參加「余紀忠文教基金會」多場 AI 與法律、創新、經濟、產業相關的研討會與演講，受益匪淺，尤其基金會董事長余範英女士亦師亦友，長期對筆者的提攜、擴展我的視野，更是十分感激。

本書文稿順利完成，內人林玉霞老師、表弟 Frank、S.L 及老友連錦堅諸多討論與指教，增加本書許多可讀性，謝謝他們。

contents

contents

contents

第一章　■■■■

全球未來都是台積電的藍海

筆者專訪台積電劉德音董事長。

台灣電子五哥之一的緯創集團董事長林憲銘在 2023 年 6 月股東大會表示，台灣的資通產業（ICT）佔全球資通產值 6 千億美元中約七成，4 千億美元左右。各界紛紛定義 2023 年是 AI 元年，然而，這一年 AI 產值也不過 1 千億美元。2024 年 5 月 16 日台北市電腦同業公會（TCA）舉辦的 AI PC 前進發展研討會，主持人資策會 MIC 所長洪春輝及高通副總裁劉思泰等專家的預測，到 2030 年，廣泛的 AI 應用，帶來的商機將在 1-2.4 兆美元之間。國際半導體協會（SIEM）也估計到 2030 年，AI 產值將達 1 兆 6 千億美元！幾乎大多數市場權威情報機構的預測都落在 1-2.5 兆美元之間，才幾年的時間，AI 市場發展的潛力居然如此之大！

NVIDIA 執行長黃仁勳，2024 年 3 月，在輝達 GTC 大會上宣示：AI 相關供應鏈，台灣 ICT 廠商佔了七成以上，也就是說，配合 AI 人工智慧相關應用的爆發性發展，台灣資通及半導體產業，未來十年，會跟著有一波爆炸性的高成長。2030 年 2.5 兆美元的 AI 市場，其中晶片及成品製造至少佔市場總值的 5 成，也就是 1.25 兆美元左右，將提供台灣資通加上半導體產業供應鏈近 40 兆台幣產值機會。比起為蘋果代工，這項產值及附加價值十分驚人，是台灣 ICT 產業代工產值的五倍以上。

本章要談的，不只是 AI 手機、AI PC（後詳述）時代的來臨，事實上，因為 2020-2024 年的大環境中：網路進入 5G

環境、超級電腦運算速度的突飛猛進、大數據累積了相當的成熟度、基本上已鋪陳好了 AI 生成式對談系統的基本條件，一旦 OpenAI 將之實現，不僅是 AI 手機、AI PC 再次顛覆科技應用環境，連我們期盼了多年的智慧機器人、物聯網、智慧製造、生物晶片數據資料庫、太空科技旅行等人類未來 20 年，追求商業化目標實現的領域，也同樣的從 2024 年開始大力邁步發揮。這些領域具備的市場潛力與產值，每個都十分巨大。讀者可以從馬斯克自傳中述及的，他自創六家公司所從事的六個領域，可推論得知，這麼多領域的晶片設計與成品商業化，到頭來莫不與他們的源頭——晶片製造的成功與否息息相關；換句話說，每個領域的應用要想大力發展，將以這些不同領域智慧晶片作為核心，然後推動產品商品化的能力。因此，我們來檢視，全球同時具備這個完整能力——良率、精密度、量產能力、龐大產能——晶圓廠，有多少家？讓筆者在此明確告訴讀者諸君：只有台積電 TSMC 一家！

1.1 人工智慧進入 PC、Mobile phone 時代

生成式 AI 前十大公司都是 TSMC 客戶

2022 年 12 月 ChatGPT3.0 的公開，帶動了全世界智慧聊天機器人應用的大熱潮，每個國家、地區、行業，人人每天都在談論它，宛如它是橫空問世。事實上，採用自然語言、以龐大數據參數為基礎，對談式的智慧動態資料庫系統的研究，前後這樣的演變也有近二十年之久，並非突然發生。由於人們以精確的語文跟它對談，發覺它已擁有人類一般智慧的四、五成，然而檢索速度與回答的寬闊深廣度，卻超過人類，令人為之驚豔！

相對的，獨佔網路世界搜尋引擎一、二十年的 Google，這次卻被嘲笑，因他安逸獨佔市場太久了，以致於遲鈍、不求進步，居然被一家後生小公司 OpenAI 給狠狠的拋在後面，如今，辛苦的追趕，卻已失去網路搜尋平台的壟斷地位。

根據 OpenAI 及幾家網路大型公司與 AI 研究團體的研發進度，這種親近人類自然語言的人工智慧大型資料庫系統，從 2022 年下半年開始，幾乎每半年就會有讓人讚嘆的新功能版本出來。2023 年是 AI 資料庫對談系統應用突破性的元年，應該也是事實。OpenAI 也沒自滿，這兩年陸續推出了 ChatGPT-4、4o 版本，及語音影片產生器 Sora，前者大數據參數已破一兆，後者功能可瞬間產生一分鐘的影片，把 Google、Apple 的同級產品的 3-5 秒，又狠狠甩了一個耳光。

黃仁勳在 OpenAI 使用該公司的 GPU，發展出第一代的 ChatGPT 版本時，已正式昭告世人：AI 的 iPhone 時刻已來臨！這個意思如同當年蘋果電腦宣告：第一代 iPhone，帶動全世界人們彼此人際關係之間，在生活上食衣住行育樂的實質大改變。同樣的，人工智慧對談系統，也將會帶動這一代人類在教育、學習、工作、健康醫療的種種知識分析、吸收、判斷的升級，這就是所謂的 AI iPhone 時刻。

然而不只是 iPhone，從 2024 年初開始；英特爾、ACER、ASUS、DELL、HP 等國際知名品牌廠商，也紛紛在 2024 年，推出一系列的 AI PC，緊接著 AI 智慧手機的時代也很快的來臨，Clin-Servo 世界也會再次顛覆（後述 1.4 節會詳述）。2024 年將會是 AI 個人電腦元年！

我們這一代的（1950、60）四、五年級生，實在幸運，這一輩子親身目睹且體驗了現代人類的四大科技發明，它們

徹底改變了人類的生活型態。

　　第一個，當然就是電腦的發明，從 50 年代大型電腦系統的問世，到 70 年代個人電腦的興起，隨著半導體技術的不斷突破，電腦運算能力不斷躍進，硬體不斷的縮小、軟體（作業系統、應用軟體）朝向多功能化、記憶晶片更是突飛猛進，使得一開始時，只有國防工業、政府機構、大型企業才用得起的電腦系統，逐步進入中小企業、家庭、學校乃至個人。到千禧年（2000 年）之後，因為台灣電腦供應鏈的強大性價比生產能力，造福人類，使得全球大多數國家中的一般家庭、中產階級個人都用得起個人電腦，各種應用軟體的百花齊鳴，也使得工商企業依賴電腦日深。到了 2023 年的今天，包括政府機關、學校、企業、各團體機構在內的全體社會，不能想像沒有電腦的世界？果真如此，整體社會的生產力、效率、方便性，將會變得多麼的笨拙！

　　第二個當然就是網際網路（Internet）在 1990 年代的出現，一開始，溝通介面、傳輸速度、傳遞網量都很慢很小，但是人們透過 e-mail 的通信，網站（WWW）的建立，使得相距萬千里的個人、公務機關、中外企業之間的溝通，變得如此的方便、有效率與低成本。電子商務這種虛擬商場的出現，打破了人們數千年開店營業，消費者與產品銷售者直接對應的傳統做法，為之丕變。從一家家的虛擬店面，發展成數千甚至於像亞馬遜、阿里巴巴擁有數百萬家的虛擬電子商場跟

著崛起應用，改變了數千年來人類實體交易的方式。配合全球化策略的推廣，所謂「萬里一線牽」、「打破國界文化種族界限」、「各司其職的供應鏈」成為可能。

第三個改變，即蘋果的賈伯斯 2010 年起 iPhone 的問世，它所帶動的革命性風潮，又再一次顛覆了人類多少年來延襲的行為與生活模式。智慧手機結合了前二階段電腦、網際網路的成就基礎，讓人們不管距離多遙遠，可以自由自在、隨時隨地的聊天、工作、娛樂、學習互動。光是到東京、台北、北京、紐約、倫敦、馬德里全球大城市的地鐵列車上觀察，每個人幾乎是人手一隻智慧手機，進行著電動遊戲、線上會議討論、聊天、購物、觀賞影片歌曲……等等，這樣的使用習慣，象徵著文化、作息上的漸進變化。小朋友們在公共場合，不再是嘻笑打鬧動作不斷，而是家長們也給他們人手一機，觀看影片或教育內容。這種種現象，僅僅在 2000 年以前，還會覺得不可思議的事，現在，卻成了地球都市化、城鎮人類共通的現象。

2023 年的 3 月中旬，當全球各跨界專家正為剛剛發佈的 OpenAI ChatGPT-4，各種更新功能頻頻發出讚嘆，數億人紛紛加入使用陣容之際，最初贊助 10 億美金支持 OpenAI 基金會研發人工智慧應用的特斯拉創辦人馬斯克，卻聯合一千位精英人士，要求 OpenAI 公司中止新版本的研究 6 個月，以便人類積極在最快時間內探討：如何規範這種對談式自然語言

的人工智慧大資料庫系統，否則未來對人類可能帶來負面性的影響！

坦白說，這樣的呼籲，2016 年在馬斯克贊助 OpenAI 基金會時，就應該同時進行，眼看 ChatGPT 如此卓越、親和力、擬人化的超大展現，全球各大公司團體紛紛加入研發的此刻，它如同脫韁野馬一樣的，似乎無法制止或控制。但是以筆者使用生成式對談系統（截至 2024 年 7 月）近兩年的經驗，幾家擁有大型對談式系統的科技巨頭，都在演算法及關鍵參數方面，作了許多努力，使它們影響人類行為的負面因素減至最低。

包括微軟（Microsoft）、Google、Meta、以及各先進國家科研單位，紛紛加入人工智慧（AI）大戰局；推展各不同語言文化的應用系統，甚至連最早投入網路客製資訊的亞馬遜（Amazon）也推出 AWS 向 ChatGPT 嗆聲叫陣。

然而，走在人工智慧 GPU 前面的 NVIDIA 執行長黃仁勳，在 2023 年 3 月中旬，該公司財報法說會上宣示，要讓 AI 模型遍地開花，幫助各家企業開發出專屬的類 ChatGPT 應用，以期在各種領域推波助瀾生成式 AI 加速。黃仁勳在 NVIDIA 法說會中絕大多數時間，均鎖定 ChatGPT 應用引爆近來關於 AI 新時代的提問。他坦言，三個月前其在 3QFY23 法說上關於 2023 年的前景看法，如今在短短 60-90 天裡，完全被 ChatGPT 帶動的發展所顛覆，並強調這是一個 AI 應用的轉捩

點。

　　同時，黃仁勳表達在當前 AI 新運算時代潮流下，每一個企業都需要接取 AI 運算、形成 AI 策略，過去企業會生產硬體產品、軟體產品上市服務，但展望未來數十年，企業還將化身成 AI 工廠（AI Factory），在形成 AI 策略後，產出軟性產品（soft goods），取決於各類企業的經營利基、打造專屬 AI 模型。不過，目前這類 AI 模型的基礎建設，由單一企業獨力負擔硬體配置、軟體平台、系統整合與推論運算模型的建置，不免曠日廢時且成本過高。有鑑於此，NVIDIA 將推出 AI DGX 超級電腦服務，將這套 DGX Cloud 放入雲端，與各大雲端供應商攜手，讓各界有興趣打造專屬 AI 模型、服務利基客戶的眾家企業接取。

　　事後證明，黃仁勳這樣的預告，並非無中生有，隨後兩年，2023、2024 年，NVIDIA 在其每年 3 月 GTC 大會中，相繼推出相關新晶片、新平台、新方案，A100、H100 到 GB200、GB Blackwell 72 等，每一代 GPU 晶片的效率與運算速度，都以兩位數的成長績效翻新，運用台積電 5/4/3 奈米系列製程技術，遠遠將對手拋在後面，但是 NVIDIA 不僅僅是賣晶片而已。黃仁勳的部署，讓 AI 新運算時代在 NVIDIA 推波助瀾下，推及雲端架構各領域，使 AI 應用遍地開花。

　　面臨 AI 運算新時代來臨之際，黃仁勳指出加速運算與 AI 是企業解決不斷上升營運成本的關鍵。但在 AI 建模的過程中，

文字、影音甚至於圖像的資料訓練一個比一個龐大，運行的頻寬若不足，就會如同太細的水管內卡著一堆排放物一般，速度緩慢。

NVIDIA 推出的 AI DGX 超級電腦服務，可說奠基於先前其與甲骨文（Oracle）的策略合作，聚焦在替客戶提供更有效率的 AI 服務，將雲端基礎設施再加值，以利企業進行大規模的 AI 訓練，以及深度學習建模。

AI 對談系統的全球聯盟

從 OpenAI 與 NVIDIA 在資金、技術、產品的緊密合作看來，輝達已在 AI 對談系統第一波發展並站穩了策略發展地位，未來 10 年內的爆發力無可限量。

分析起來，輝達能在 AI 對談系統第一波發展佔據牢牢的地位，黃仁勳掌握了五大強項：

一. 強大的 GPU 技術

NVIDIA 是一家專注於圖形處理器（GPU）的公司，他們在 GPU 技術上具有 20 年深厚的經驗和領先地位。由於 AI 對談系統中的許多功能涉及大規模平行計算和複雜的矩陣運算，輝達 GPU 的平行計算能力和專門的硬件單元（如 Tensor Cores）能夠加速這些功能，提供高性能的計算能力。

　　　　　　　　　第一章　全球未來都是台積電的藍海

二. CUDA 編程生態系統

NVIDIA 早在 2010 年代初期就推出了 CUDA（Compute Unified Device Architecture）編程模型和相關工具，方便開發人員充分利用 GPU 的並行計算能力。CUDA 提供了豐富的技術資料庫和工具，使得 AI 演算法在 GPU 上的實現和優化變得更加容易，加速了 AI 對談系統的開發過程。

三. 深度學習框架支持

NVIDIA 積極支持並優化流行的深度學習框架，如 TensorFlow 和 PyTorch，使開發者可以在 NVIDIA 的 GPU 上高效地運行這些框架。他們提供了用於深度學習訓練和推理的 GPU 加速庫和工具，提供了更快的模型訓練和推理速度，從而促進了 AI 對談系統的發展。

四. 專用加速器

NVIDIA 還推出了專用的加速器晶片，如 NVIDIA Tensor Core 和 NVIDIA T4 GPU 等。這些加速器針對深度學習和 AI 功能進行更深的優化，提供了更高的計算性能和效率，有助於加速 AI 對談系統的訓練和推理過程。

五. 龐大的策略夥伴群

外界沒看到的是第五項，黃仁勳多年來在台灣 ICT 產業

已佈建爲數龐大的夥伴關係，AI Servo 伺服器全球最大的前五名廣達、鴻海、緯創、英業達、和碩或美國 Super Micro 等各大廠商，都是他的 AI 藍圖布局中的策略夥伴。包括台積電在內，這樣的合作關係既深且遠，他非常清楚台灣電腦廠商化創新爲量產產品的技術實力。

打從 2010 年初，NVIDIA 就與雲達（廣達子公司，專業製造 AI 伺服器）、技嘉、緯創、Supermicro 數十家 ICT 廠商合作多年，彼此建立了深切的信任與默契，這種合作關係，對輝達迅速發展 AI 雲端事業，可說是關鍵至深，讓所有 AI 生成式對談系統 GPU 市佔率可以迅速擴大，取得領先地位。2023、2024 GTC 大會上，多家 AI 伺服器大廠都幫 NVIDIA 站台，聲勢可見一般。另方面，台灣這些 ICT 大廠（Supermicro 創辦人梁見後也來自台灣），也因 AI 市場勢頭強大，而迅速擴展了 AI 伺服器的產值與市佔率，從雙方面來看，是「魚幫水，水幫魚」的互惠角色。

1.2 智慧機器人的大應用

■■■▲▲

巡弋飛彈的故事

　　從酷熱的白天，到冷靜的黑夜，一顆頗具威力的巡弋飛彈正靜悄悄的，在無人知曉的宇宙中航行著，它具備一個秘密任務，被發射前往一萬公里外，朝某個敵方的領土目標前進。這麼遠的距離，中間經歷了多少海洋、高山、丘陵、小鄉區、地形各異，要能順利飛抵目的地，大氣氣流、洋流、地形障礙物、光線、溫濕度的各種變化，因此，這顆巡弋飛彈載滿的各種分類、先進的晶片和技術，即擔負這麼任重道遠的任務。目的看似簡單：針對一個關鍵的打擊任務，執行過程卻極盡動態與複雜。

　　一開始，巡弋飛彈在艙體裡靜靜地等待著。隨著指揮中心指令的發出，它轟然瞬間被推進到藍天之上，穿過厚重的雲層，不斷的衝高飛行，進入太空後，它的火箭推進器默默

地熄滅，靠著自己的動力，朝上萬公里外的唯一目標，繼續前進。

數百上千顆晶片在巡弋飛彈複雜的內部開始運作。控制晶片負責維持著飛彈的穩定，同時導航晶片融入全球定位系統（GPS）和慣性導航系統（INS），確保即使是在極快速飛行中，飛彈仍然能夠準確地抓到遙遠的目標。它的飛行是個漫長的旅程，沿途因環境氣流、溫濕度的變化、設法避開宇宙周遭的各種突如其來的太空垃圾，飛行途中面臨的各種狀況雜亂，艱辛且繁雜；飛彈在宇宙的黑暗中飛行，僅依靠微弱的星光和繁星的指引。通信晶片保持著與遙遠指揮中心的聯繫，除了排除飛行途中各種即時瞬間環境的障礙外，還得隨時接收新的任務指令，立即將重要的數據和狀態報告回傳。

不久，飛彈開始進入敵方領土。國境線下方敵人目標周圍環境在晶片中的圖像處理單元被捕捉到。目標識別功能分析圖像，確定了敵方目標的位置和類型。飛彈圍繞著敵方目標，跟蹤晶片則追蹤著目標的運動，防衛晶片要干擾敵方防空雷達的追蹤，並隨時確保分分秒秒準確的導引和打擊能力。

另方面，在靠近目標的關鍵時刻，巡弋飛彈利用最先進晶片，與數千公里外遠方雲端資料庫系統保持聯結，對應儲存豐富敵情情報的資料庫雲端晶片，讓飛行中不同功能的晶片快速的比對運算，觸發著任務計劃中的關鍵步驟。它是如此接近目標，可以感受並計算到敵方各種防禦武器的偵測的

　　　　　　　第一章　全球未來都是台積電的藍海

存在，隨時調整方向、速度、高度，並發出干擾訊號，誤導敵方的偵測，沒有人知道，這顆爆炸威力強大、穿載著各色各樣晶片的巡弋飛彈，正悄悄地向它的目標逼近。

就這樣，在指揮中心命令的下達下，巡弋飛彈釋放出它的打擊載具。這個小型的飛行器帶著巡弋飛彈運輸的威力，靠著自己的動力向目標飛去。它穿越了層層的障礙、敵方的防禦措施，突破著所有困難，使命必達。

最終，載具達到目標區域。這顆巡弋飛彈成功地完成了它的任務。載具釋放出威力巨大的打擊，目標被摧毀，巡弋飛彈的使命圓滿結束。

然後，巡弋飛彈上的晶片開始了他們的自毀程序，確保沒有敏感的技術和數據落入敵人手中。在這個遙遠的敵方領土，巡弋飛彈的存在只是一個秘密的微弱光芒。

故事的背後：巡弋飛彈的現代化征途

現代化軍事技術發展史中，巡弋飛彈以其無與倫比的精確打擊能力和複雜的導航技術，成為先進國家國防體系中的重要一環。這篇文章詳細描述一顆最現代化的巡弋飛彈，從一萬公里外發射，經歷重重障礙，最終精準擊中目標的驚險過程，它要成功，關鍵階段包括：

一．發射準備

　　這顆飛彈配備了最先進的導航系統、動力系統以及偵測和躲避技術，能夠應對各種複雜的環境挑戰。飛彈的發射指令由高層指揮官親自下達，所有操作人員都緊張而專注地盯著顯示器，等待那一刻的到來。

二．飛彈發射

　　隨著震耳欲聾的巨響，飛彈被發射出了發射井，迅速穿過雲層，進入大氣層。飛彈的初始加速階段至關重要，它需要迅速突破地球引力，進入高空，並達到預定的巡航高度。在這一階段，飛彈的導航系統開始發揮作用，通過衛星定位系統（GPS）和慣性導航系統（INS）確保飛彈沿著正確的軌道前進。這些系統由 20-40 奈米的晶片控制，確保穩定性和可靠性。

三．越過海洋

　　飛彈的航程大部分需要穿越浩瀚的海洋。在海上飛行時，飛彈需要應對複雜的氣流變化和海面反射干擾。為了保證穩定飛行，飛彈配備了先進的氣象探測設備，可以實時監測周圍環境，調整飛行路徑和速度。這些探測設備內部也使用了成熟及先進奈米的晶片，以確保其靈敏度和準確性。此外，飛彈的雷達吸波塗層和低可偵測外形設計，有效減少了被敵

方雷達發現的風險。

四.避開敵方偵測

當飛彈進入敵方防禦區域時，真正的挑戰才剛剛開始。敵方部署了多層次的雷達和防空系統，試圖攔截來襲的飛彈。為了避開這些偵測和攔截系統，飛彈開始低空飛行，利用地形隱蔽自己，並通過複雜的機動變軌來干擾敵方的追蹤系統。飛彈內部的電子對抗系統（ECM）也開始工作，發射電子干擾信號，迷惑敵方雷達，增加生存機率。這些對抗系統中使用了 10 奈米以下的先進晶片，以確保高效的信號處理和快速算力反應。

五.穿越複雜地形

飛彈繼續前進，必須穿越陸地上的複雜地形，包括高山、河流和城市。這些地形對飛彈的導航提出了更高的要求。現代化的巡弋飛彈配備了地形匹配導航系統（TERCOM），可以通過比對預先存儲的地形數據和實時地形測量，保持飛行的精確性。這些導航系統依賴於 20 奈米以下精密晶片進行數據處理和分析。此外，飛彈還配備了數字場景匹配區域相關系統（DSMAC），利用攝像機和圖像處理技術，進一步提高打擊精度，這些系統更用了 10 奈米以下的高性能晶片。

六. 氣象挑戰

在長距離飛行過程中,飛彈還需要應對各種氣象挑戰。高空的氣流變化、雲層遮擋和雷暴區域都可能影響飛彈的飛行穩定性和導航精度。為此,飛彈的氣象探測系統會持續工作,並將數據傳輸到飛行控制系統中,及時調整飛行參數。這些系統中裝置了大量精密晶片,以保證即時的數據處理能力。

七. 最終攻擊階段

當飛彈接近目標區域時,進入了最關鍵的攻擊階段。此時,飛彈的終端導引系統開始啟動,利用紅外線成像和雷達制導技術,進行最後的精確定位。飛彈在幾乎貼地的高度上飛行,以極快的速度逼近目標。此時,任何微小的誤差都可能導致任務失敗,因此飛彈的導引系統會不斷修正航向,確保瞄準目標。因此,導引系統中裝置了數十顆 5-10 奈米的先進晶片,以提供高精度的目標識別和定位能力。

八. 精準命中目標

最終,飛彈抵達目標上空,進行最後的俯衝。伴隨著一聲震天動地的巨響,飛彈準確無誤地擊中了預定目標。它的使命完成了,巡弋飛彈在遙遠的天際中消失,回到了無人知曉的宇宙中。整個過程僅僅在幾分鐘內完成,但卻凝聚了無

數工程師和科學家的智慧和努力。這顆巡弋飛彈的成功命中，不僅展示了現代軍事技術的強大威力，也顯示了科學技術在戰爭中的重要性。

巡弋飛彈的發展代表著現代軍事科技的巔峰，其背後的複雜技術和精密操作令人嘆為觀止。從發射到命中目標的過程中，飛彈要克服海洋、陸地、氣流和敵方偵測等多重障礙，每一步都充滿挑戰。這篇文章試圖通過詳細描述這樣的過程，讓我們更深入地了解巡弋飛彈的工作原理和其在現代戰爭中的重要性。而這一切都得益於數百顆不同功能的晶片，它們在飛彈的每一個關鍵環節中發揮了不可或缺的作用。

回想起來，2001 年，美軍對伊拉克的戰爭，第一天發起的攻擊，數千顆的巡弋飛彈就是這樣（那時候用的是 0.25 -1.3 微米製程技術，相當於 250-1300 奈米），分別從遠程轟炸機、航空母艦、潛艇、飛彈基地，同一時間，同時被釋放發射，朝向伊拉克所有軍事設施，包括：機場、飛彈基地、彈藥庫、空軍指揮中心、雷達站，數小時內，同時被催毀。指揮中心通訊癱瘓、飛機群要不是被炸毀就是機場跑道嚴重受損無法起飛，伊拉克軍隊群龍無首，無所適從。第二天美軍的進攻，在嚴密晶片功能指揮助攻下，如入無人之地，三天內就攻陷整個伊拉克境內。講起來，各類先進精密晶片的運用，成了美軍在最短時間內，打贏這場戰爭致勝的關鍵。

在距離目標一萬公里的地方，一個隱秘的軍事基地內，巡弋飛彈的發射準備工作已經進入尾聲。這顆飛彈配備了最先進的導航系統、動力系統以及偵測和躲避技術，能夠應對各種複雜的環境挑戰。飛彈的發射指令由高層指揮官親自下達，所有操作人員都緊張而專注地盯著顯示器，等待那一刻的到來。

隔了 23 年後的今天，美國國防部研發的躍進，尤其是 2016 年以後，15 奈米以下超精密、微小、高性能晶片的問世，美製巡弋飛彈的速度、穩定度、精確度、防禦能力，進步又更大！即使遠在萬里外發射，命中目標的準確度卻是數公尺的圓徑內，全球各強國雖有各種高階飛彈，論精確性能與數量，都難以跟美軍較勁。

《晶片戰爭》一書作者克里斯‧米勒（CHIP WAR, Chris Miller）說的沒錯，打從 60 年前，也就是 1965 年起，一直都是美國國防部及相關機構在支持德州儀器（TI）、IBM 等半導體公司發展晶片，美國國防部、太空總署等機構，充分了解，未來的戰爭就是晶片性能較量的戰爭。

從這點就可明白，原來，2022-23 年眾議員議長裴洛西、參院軍事委員會主席等人陸續拜訪台灣，不久之後，宣布亞力桑那的台積電第二廠提早佈署最先進的 3 奈米廠，接著在 2024 年亦公布這個第三座晶圓廠也將生產世界上最先進、採用下一世代奈米片（Nanosheet）電晶體結構的 2 奈米製程技

術，預計於 2028 年開始生產（詳細內容可參考本書第二章附註台積電發佈新聞稿）。這個新廠的主要客戶台積電所顯示的是來自三大客戶：AMD、Apple、NVIDIA，但根據筆者的分析，兩大晶片設計公司加上蘋果電腦及英特爾四家，他們某些晶片設計委託的幕後客戶，其實是美國國防部、太空總署等官方機構，讓最先進武器的晶片設計完成後，在美國國防相關官員的監督下運作，讓美軍保持在全球獨一無二擁有最先進晶片武器的領先地位。

那些老共外圍的御用媒體工具，有幾個月的時間，炒作著什麼「去台化」的口號，如果不是對現代晶片戰爭的無知，就是別有居心，配合老共最畏懼的美國軍事實力，不讓台積電將最精密製程技術前進美國，就是他們的動機。

從這個巡弋飛彈運行的故事，我們了解到通常它包含了多種晶片以實現不同的功能。以下是一些可能在巡弋飛彈中使用的晶片類型：

- 控制晶片：控制飛彈的運作和導航系統。
- 導航晶片：提供精確的導航和定位功能，例如使用全球定位系統（GPS）。
- 通信晶片：用於接收和傳送指令、數據和狀態報告。
- 圖像處理晶片：用於圖像和視覺感知，例如目標識別和目標跟蹤。
- 資料儲存晶片：存儲任務和系統數據，以供後續分析和回

顧。

- 加密晶片：保護通信和數據免受未經授權的存取和干擾。
- 數位信號處理晶片：用於信號處理、數據分析和傳感器融合。

關於巡弋飛彈中每種晶片的具體數量，這取決於飛彈的設計和要求。不同型號的巡弋飛彈可能有不同的配置和需求，因此使用的晶片種類和數量也會有所不同。此外，這些數據通常屬於機密性質，無法從公開資料中得知。

最準確和最新的巡弋飛彈晶片數量和類型的資訊，也只有該國相關的軍事機構、專家或官方充分掌握並保密。

如果我們把軍事用途特別定義在高性能的精密晶片，也就是使用 15 奈米以下製程技術製造的晶片，具有更高的集成度、更小的尺寸和更低的功耗。在軍事領域，精密晶片的應用主要用於具有高度複雜性和先進功能的系統。以下是一些可能需要使用精密晶片的軍事武器和系統的例子：

- 先進導彈防禦系統（例如愛國者系統）：這些系統需要高速、高精度的感測、追蹤和指導系統來檢測和摧毀敵方導彈。
- 高性能無人機：無人機在現代軍事中扮演著重要角色，精密晶片可用於控制、導航、自主飛行、數據處理和感知。
- 高性能雷達系統：雷達系統需要快速的信號處理和高精度的目標檢測、識別和追蹤能力。
- 先進通信系統：現代軍事通信系統需要高速數據處理和安

全性能，精密晶片能夠提供更快的速度和更高的安全性。

- 高性能軍艦和飛機：先進的艦艇和飛機需要控制系統、通信系統、雷達系統等方面的高性能晶片來實現複雜的操作和任務。

　　同樣的，讀者諸君不陌生的一個美軍領先的科技——無人飛機的發展，從 2008 年歐巴馬總統到川普的接任，中間曾發生了三件無人飛機從遙遠的千里外，飛到中東目標，炸死恐怖組織領導人的精準事件。無人飛機投入戰場是美軍從公元 2000 年開始，不斷測試、發展的歷程，開始時，只是遠距偵測的功能，發展到近年，無人飛機可載多顆精準飛彈、機關槍等武器，卻可從數千甚至上萬公里外遠端遙控。這種飛機跟巡弋飛彈一樣，機體上也是載滿各式各樣功能的晶片，才能從遙遠的地方，飛到敵方目標，精確的打擊命中目標！

　　我們把晶片應用在軍事用途展開來看，除了巡弋飛彈、無人飛機以外，先進戰鬥機、航空母艦、核子潛艇、戰車、或地面戰鬥配備的各種戰鬥武器，都必需用到不同性能的各式晶片。以美軍在全球扮演世界警察的角色，為了制敵優先，所有的武器、軍事配備，越先進越有競爭力，那麼先進晶片的需求量就很大。

　　另方面，美國國防部各軍種發展出來的最新最尖端功能設計，要落實在一顆顆的晶片製造上，然後放入電路板，安裝到武器系統中，這樣的過程，美國政府當然希望是高度保

密與監控下爲之。設計在美國本土完成，所有的性能係數都在晶片裡，如果製造過程中被敵對國家的間諜刺探盜取，那不是損失幾顆或幾批的晶片而已，而是在戰場上不能保持制高的位置。所以，要求先進晶片的生產，移到美國亞力桑那台積廠的老美自己領土上生產，其目的也就不言可喻了。

根據台積 2024 年 4 月 8 日發佈的新聞稿內容指出，TSMC Arizona 的第一座晶圓廠，依進度將於 2025 年上半年開始生產 4 奈米製程技術；繼先前宣布的 3 奈米技術，第二座晶圓廠亦將生產世界上最先進、採用下一世代奈米片（Nanosheet）電晶體結構的 2 奈米製程技術，預計於 2028 年開始生產；第三座晶圓廠預計將在 21 世紀 20 年代底採用 2 奈米或更先進的製程技術進行晶片生產。同期，台積電海內外的新廠與擴廠也如火如荼進行中，因此，筆者樂觀的估計，2028 年時，台積電在全球一、二十座現代化晶圓廠的產能，應可擴展到每月一百五十萬片以上！

所以，最合理的推論，這兩個晶圓廠的生產量能，基本上是爲了配合美國軍事與航太這兩個尖端技術產業的優先需要，滿足了美國政府保持全球尖端軍事航太競爭力，繼續這個取得這個領域的絕對領先，如果產能有餘，再提供民間精密電子產品的需要，這些，恐怕是檯面下最重要的理由。

1.3 智慧汽車、智慧製造

物聯網的世界大步實現

從 2022 年開始，AI 世界的當紅炸子雞輝達（NVIDIA）每年 3 月的技術發表會 GTC（GPU Technology Conference），都受到全球科技產官學研各界的關注，2024 年的大會之前，專家便紛紛預測，它會在 GPU 的算力方面，有更驚人的進展，於是這一年 6 月台灣的 TCA 國際電腦展（COMPUTEX Show）開幕前一天，當 Jensen（黃仁勳英文名字）在台大體育館的演講講台上，把 GB 200 Blackwell 72 拿在手上，對現場數千名來自全世界科技產官學研精英，以及數萬名線上聽眾揭示時，大家果然「哇！」的一聲讚嘆。比起 2022 年的 H100 GPU，它的速度快 6 倍，推理能力優 30 倍以上，成本及能源的消耗卻只有 1/25 ！

這顆 GB200 Blackwell 配備 2080 億顆電晶體（想想看多

驚人的超微元件數量）採用台積電 4/3 奈米製程，運用台積的 CoWoS 獨家封裝技術，把兩顆裸晶堆疊成一顆 GPU，搭配輝達自行研發的 ARM 架構處理器 Grace，是當今全球要推動 AI 在 GPT 生成式系統、AI 資料庫中心、智慧機器人、自動化汽車、智慧製造各個領域，幾乎是最佳方案的首選！

這個 GPU 的市場有多大？黃仁勳在會場舉例，一座最具效率、最現代化的 AI 資料中心，將至少配備 3 萬 2 千顆 GB 200 以上系列晶片在裡面，假設（會場未公佈價格）參考 H200，GPU 當初推出每顆報價 2 萬美元相比，GB 200 Blackwell 如果設定一顆 3-4 萬美元，這樣的一座 AI 資料中心的建置費用，光是處理器就要投資 10-20 億美元左右！驚人吧？

而一部最先進具備 Level 3-4 功能的自駕車，未來，如果每一部汽車裝置 1 顆以上 GB200 高運算晶片，因此，光是一部高檔電動車子，僅僅是晶片加入的總成本就會在 3-5 萬美元區間。所以，高檔次的自駕車不可能像比亞迪 2023 年賣的一部車 2、3 萬美元，而大陸數十家電動汽車大廠，在美國科技管制下，也不可能買到輝達 H100 以上的高功能晶片，以此推論，中國製的電動自駕車未來的走向，也只能搶攻中低價位的電動汽車（EV）市場了。

從 2019 年開始，全球汽車產業每每都把焦點放在馬斯克的特斯拉公司，造型特殊、號稱加了四個輪子的行動電腦，

到底能不能成功，始終有不少名人懷疑。馬斯克這個創新狂人，把來自網路付款機制軟體 PayPal 賺到的大桶金——數千萬美元，居然投在德日大汽車廠都不看好的電動自駕車領域。幾年內數度募資，花光了包括從外界募資而來的數億美元，幾度瀕臨破產之際，最後一刻，馬斯克在上海市長李強大力協助，習近平拍板決定下，上海特斯拉廠獲得獨資的特殊待遇，及時運用大陸低成本大量的人工，終於開出大產能，把特斯拉從破產邊緣拯救出來，股價市值開始止跌回升，外界資金也繼續湧入，短短二、三年，成為世界市值最高的汽車公司。

「會移動的電腦」，顧名思義，就要具備計算、硬體驅動、控制，系統軟體、應用程式的連動，車子往「自動化」方向設計，那麼少不了從油電耗能、周圍環境感測開始。一部車的各個子系統需要許多的晶片來執行這些功能，在 2023 年，一部 Level 2 的油電混合車，需要的晶片已達四、五百顆，豐田汽車子公司日本電裝技術長加藤良文估計，到了 2030 年，一部納入 AI 功能的智慧汽車將達到 2500 顆晶片需求量（天下雜誌 793 期專訪加藤良文）！

智慧製造從 2024 年起飛？

黃仁勳在 2024 年 3 月 GTC 大會有三大驚奇，除了前述

GB200 驚人的功能宣示外，第二幕同樣養眼，全球有名包括波士頓動力、Figure AI、Agility Robotics 等九家公司的人形智慧機器人依次排開，站在舞台上，由輝達專為人形機器人開發的 Project GROOT 通用基礎模型問世。這個 GROOT 包括電腦繪圖、物理學和人工智慧，Jensen 高調宣布三個技術匯聚於此，將使未來智慧機器人的進步快速演變。

接著最後的壓軸戲，就是「Omniverse」的出現。它是什麼？是什麼？簡單來說，他就是製造走向「智慧化」的另一核心技術，黃仁勳提出的這種智慧製造最新模式本義的意思就是「數位孿生」（Omniverse）。亦即在數位世界中複製一個真實世界的環境，很特別的，他在對全球三十幾萬科技精英、投資專家、學者官員的現場，舉台灣電子五哥之一的緯創在湖口的新廠建置，來說明這個全球第一座採用輝達這套數位孿生系統，來優化生產線的布置規劃。這個新工廠先在這套數位孿生系統進行規劃、設計，逐步驗證可行性後，採開始作工廠實體的拉管拉線、設備安裝定位。黃仁勳自豪的說：原本要五個月的時間，縮短至兩個月半，效率整整增加一倍，這樣的智慧工廠建置構想在他數年前就已構想，如今實現，象徵著智慧製造的開始，AI 終於與工廠生產緊密結合。

並且，這只是第一步，隨著工廠生產線上每部設備從安裝、試轉、到進入量產每個生產步驟機台公差、參數、製程加工材料、液氣體的比例、流量、溫濕度等數百上千種的參

數變化，這些資訊資料的累積晶圓廠或電子廠每分鐘的參數從數萬到數百萬數據不等，透過這樣子的分析調整，湖口新廠生產時間縮短 1/2，不良率降低 40%。緊接著輝達第二、三家供應商台達電、鴻海也引進他們新的工廠加入數位孿生工廠系統，使得 2024 年所謂的 AI 智慧製造的元年也開始啟動，這意味著什麼？未來的工廠製造、運轉將是實體工廠與虛擬工廠同步，工廠運作中的數據可以隨時記錄或模擬調整，所有的參數都可累積成龐大的資料庫，建廠或測試隨時進行，效率倍增，工廠自動化的世界，將變得更不可思議。

智慧製造，對日本主力產業的正面影響

　　日本在工業自動化相關產業有相當大的雄厚實力，像發那科（FANUC）在 CNC 工作母機控制器（Controller）方面，數十年來不斷進步，利用設計的晶片記錄、分析、控制各種運作參數的變化，當全球購買裝有 FANUC 控制器的工具機從開動運轉起的一刻，所有機件、加工的各種數據都被隨時補捉分析，任何的運轉異常都可透過遠端監控加以維修、調整。筆者在 1985 年代採訪創辦人稻葉清右衛門時，發那科已經是自動化工業的龍頭，歷經數十年，該公司仍然努力不懈不斷研發，將各種功能植入晶片中，至今始終保持世界第一領先的地位。

同樣的，日立製作所（HITACHI）機器人事業部在筆者1985年左右，親自到工廠參訪時，他們的機械手臂就已開始賣給許多企業自動化生產的需要，尤其汽車裝配工廠數百具機械手在一貫作業的生產線上運作，會感受那自動化工廠的威力，時至今日，日立仍是機械手的領導廠商，所不同的是：機械手的運作更細膩、更精密、速度更快，在設計好的程式設計下，甚至於在真空下運作，可以進行極其復雜、細密的立體動作。一如2024年2月筆者參訪的熊本平田機工精密度機械手臂，這都歸功於機械手及控制系統無數異質功能晶片的指揮操作。

三菱、松下、Sony各個日系大廠家電，近年來無論在音響、電冰箱、烹煮電器、空調機、空氣濾淨器等，都有許多創新的功能出現，背後的感測元件能感測溫濕度、環境、氣流、塵粒、空氣品質等的變化，做出更精密的顯示或控制。未來，結合大數據、人工智慧，將讓家庭的各種電器用品更合乎人性，甚至合乎這家主人住客的個別需求，這就是「智慧家電」。每一個家庭電器用品的裡面，因為功能、需求的差異化，植入越來越多的晶片。

這些日新月異的需求與變化，帶動產業的發展，邁向越來越個性化、智慧化的應用。想想看，把家庭中數十種不同電器數千萬上億戶家庭的需要連結在一起，對晶片的需求量將是數百億上千億顆的數量。當然，家庭電器用品不像手機、

自駕汽車要求體積極小、算力極快的晶片特性，因此，製程技術還停留在 60/40/28/20 奈米級的水準。台積電以外，全球仍有近百座成熟晶片晶圓代工廠的存在，但即使是成熟製程晶片，還是要比品質、成本、良率，這方面台積電仍然領先群雄。

晶圓製造設在熊本，運輸效率也快，更重要的是，合資夥伴關係，計畫生產，不會斷貨，對這些倚賴晶片日深的大產業，發揮共存共榮的精神。所以，可預測的未來，不管是成熟製程或先進製程，要因應幾大主力產業對各種晶片的需求量，台積的兩個廠產能遠遠不夠。日本政府在因應其他日資中大型製造業要求加入成為合資夥伴下，必然與台積電協商，朝向規畫設立先進晶片的第四，五座晶圓廠邁進並補助多幾座 12 吋晶圓廠。

筆者註：依照台積電 2024 年 Q1 法說會宣布，台積電於 2 月在日本熊本為第一座特殊製程技術晶圓廠舉行了啟用典禮，該晶圓廠將如期在 2024 年第四季進入量產。台積電也與合資夥伴一起宣布計畫在日本設立第二座特殊製程技術晶圓廠，將採用 40 奈米、12/16 奈米和 6/7 奈米製程技術，以支持消費性、汽車、工業和 HPC 相關應用的策略性客戶。第二座晶圓廠計畫於 2024 年下半年開始興建，並預計於 2027 年底開始生產。

也因為這樣，台積電成立了海外營運中心，統籌所有海

外客戶產銷一條龍的服務。

物聯網世界很快實現

物聯網（IOT）其實在國內外喊了很多年，除了某些家電、餐飲送餐、工廠生產線、醫療科技有局部的應用外，其實並未形成大環境下的普遍應用，以個人、家庭、工廠、商店等為中心的萬物皆聯網的理想，過去所以難以落實，主要有兩個原因：

一 . 未與大資料庫結合

舉個例，台灣的台北市近十幾年來有個智慧聯網的交通監控系統，全台北市大街小巷安裝了二、三萬台攝影機，分成兩類，都與網路相接，裝在快速道路、主要道路的攝影機功能較強，可以調整遙控距離或攝影角度，主要是監視記錄交通流量及違規。而安裝在非主要道路、巷弄的監視攝影機，功能較基本，但是因 24 小時攝影監視對竊盜、搶劫或暴力活動產生很大的震撼作用，自從這個系統開始運作後的 2、3 年整個竊盜降低七、八成以上，為什麼？因為任何一條巷弄的公寓或大樓遭小偷，警方可調出附近的監控錄影影像，循序擴大，總會在某具監視器看到嫌犯，再配合警政機關建置的犯人檔案大資料庫比對，就可到嫌犯家裡逮人。這也是台北、

新北雙北市近十年來竊盜、搶劫幾乎降到個位數百分比的主要原因。這種就是物聯網成功的例子，分析其中的關鍵包括綿密的監控攝影機、24 小時網路運作、每個機器功能保持正常運作、罪犯大資料庫。

但是，這個系統在今日的人工智慧時代，只能打個 75 分，因為他沒有雙北數百萬市民的人臉資料庫（牽涉到個資及隱私權問題）、AI 辨識功能、智慧交通網（將某個時段的所有交通工具進行記錄、分析），然後，再跟某種公共服務作有效的聯結，產生個人化的服務。

我們再舉 Google Map 的交通指引系統為例，就是一個接近 90 分功能的物聯網系統運作。憑個人的手機、定位與目的地設定，AI 會將附近路線正在駕駛、以手機指引的所有相關人的交通工具進行動態的記錄、統計、分析、最適化指引，讓駕車者可以循最便捷的道路到達目的地。這可以說是當今社會物聯網最成功的範例。

二．缺乏完整的感測、辨識工具與網路對應軟體

家庭、工作場所或機關場域為中心，對外連結各種電子產品的運作，是系統性的。譬如說，在下班回到家之前，從工作場所透過電信或 WiFi 網路，遙控家中空調機運作、設定多少溫度、音響什麼時候開啟，電鍋什麼時候煮飯，這裡頭，就必須每個家庭有成員的個人聲音、指紋辨識的功能，家庭

的伺服器是網路中心，與每台電腦、電器聯結，個人手機有個容易操作的介面。

要知道，物聯網（Internet of Things, IoT）是一種系統的概念，它涉及將物理實體裝置、車輛、家用電器以及其他具體物件連接到互聯網中。這些物件能夠收集和交換數據，從而使物體更加智能化，提高生活和工作效率，並增加對周圍環境的感知能力。物聯網的核心在於裝置之間的自動通訊與即時互動，這些裝置可以是任何物體，從普通家用電器到工業設備，只要它們被賦予了感應、識別和通信的能力。

以下就是物聯網的一些具體應用例子：

- 智慧家居：物聯網技術在家居領域的應用極為廣泛，包括智能燈泡、智能鎖、智能開關、智能溫控器等。這些裝置可以通過智能手機、平板電腦或語音助手進行控制，從而提供更加舒適、便捷的居住環境。例如前述，一個人在回家的路上可以遙控開啟空調，調整室內溫度，或者在離家後遠程檢查門鎖是否上鎖。

- 智慧農業：物聯網技術在農業領域的應用有助於實現精準農業，通過安裝在農田中的各種感應器（如土壤濕度感應器、環境溫度感應器）來收集數據，農民可以根據這些數據做出更精準的灌溉、施肥等決策。此外，物聯網技術還可以用於畜牧業，例如監控牲畜的健康狀況，從而及時發現並處理問題，提高畜牧業的效率和產品質量。

這些例子展示了物聯網技術如何在不同領域中發揮其強大的潛力，從而提升生活質量、提高生產效率和促進可持續發展。

　　在工廠生產線上，物聯網（IoT）技術的應用可以顯著提升生產效率、質量控制、設備維護以及安全管理等方面的表現。以下幾個具體應用的例子：

- 實時監控和預測維護：通過在生產設備上安裝感測器，可以實時監控設備的運行狀態，如溫度、振動、壓力等。這些數據通過物聯網傳輸到分析系統，可以用來預測設備何時可能會出現故障或需要維護，從而提前進行預防性維護，減少意外停機時間，提高生產效率。

- 品質控制：物聯網技術可以用於自動化的品質控制過程。例如，透過視覺識別系統和其他感測器收集的數據，機器學習算法可以即時分析產品質量，識別缺陷或不一致性。這樣可以即時校正問題，確保產品質量滿足標準。

- 智慧物流與庫存管理：物聯網技術可以優化生產線的物料供應鏈和庫存管理。通過在原料和產品上使用 RFID 標籤或其他追蹤技術，系統可以實時追蹤物料和產品的位置和狀態，自動化補貨流程，減少庫存過剩或短缺的情況，並提高整體物流效率。

- 能源管理：物聯網裝置可以用來監控和控制生產過程中的能源使用，如電力、水和氣體等。通過感測元件、智慧電

表能有效收集和分析能源消耗數據,工廠可以識別節能減排的機會,實施具體化、每部動能設備的能源管理,降低生產成本、提高運轉效率,並減少環境影響。

這些應用不僅提高了生產線的操作效率和產品質量,同時也提升了整個製造過程的可持續性和經濟效益。物聯網在製造業中的應用正成為推動工業 4.0 革命的關鍵技術之一。

1.4 Clin-Servo 世界再次升級

　　當網際網路興起十幾年後的 20 世紀末，相對的網路的頻寬、速度進入 4G 時代，各種個人電腦的辦公室軟體、個人端軟體開始大行其道，這時候，所謂的「個人端—伺服器」（CLIN-SERVO）的這種區塊化群組與個人的連結模式，大量興起，並且促成了網際網路應用的全球化、生活化。

　　以此推論，作為 AI 元年的 2023，先從生成式演算的超大型數據資料中心作為起點，開始 AI 化。資料中心透過雲端世界讓全球各地的企業跟個人可以與中心連結，產生精準的搜尋與網路對談，這與過去網際網路興盛的數十年相較，又是一番不同的新氣象。所謂的 AI 伺服器配合資料中心的發展，會有大量的需求，然而，更大的一波，卻是「AI 個人電腦」、「AI 智慧手機」、「AI 家電」、「AI 辦公室模組」的普及，這樣的演變發展，估計會從 2024 年起，未來一、二十年間廣泛應用。

台灣科技產業從 1980 年代開始仿製家用電腦起，數十年來，ICT 供應鏈練就了電子產品商品化與大量生產的本事與規模。90 年代率先形成了數千家包括個人電腦設計、組裝，數百項周邊產品（監視器、滑鼠、鍵盤、電源供應器等）的強大個人電腦產業供應鏈。這背後就是數十萬的設計、製造、維修、業務各類工程師的參與，以及調和龐大作業人員現場組裝管理的能力。

　　時間軸走到了 21 世紀初的 2000 年，台灣半導體產業緊跟著個人電腦 ICT 產業之後，開始高速成長。IC 設計公司從十幾家發展到目前數百家的規模，光是有十年以上經驗的 IC 工程師就培養了近十萬人的大軍，晶片製造也從聯華電子一家成長到今天的十幾家。其中，邏輯晶片的製造產能佔了全世界的七成以上，形成了全球最大的半導體邏輯晶片供應商。

　　同樣的，光電通訊產業也因與電腦、半導體產業相輔相成，規模大到數千家，成了全球前三名的強大供應鏈，繼台灣個人電腦、半導體後的第三大科技產業。這三大產業構成了台灣近年出口產值六至七成的比重，近 2、3 千億美元的經濟創造規模，如果把部分接單、製造都在中國大陸的台商產值合併計算，甚至於逼近 3500 億美元的龐大產值。

　　這三大產業數萬家廠商、近百萬各類從業人才數十年下來，練就了一身從研發、設計、生產、行銷、測試、物流、

維修等的各種本領；更重要的是，這些台灣專業人才都是從中小企業開始扎根、茁壯，歷經四、五十年的磨練，機電、電子產品的商品化能力舉世無雙。如今，進入 AI 世紀，無論是資料中心或企業機構的系統 Servo 端，或到工作崗位、學校、家庭的個人端，各式各樣的產品、工具，透過這三大產業供應鏈，都可以很快的把它設計、生產出來，加上純熟的國際化能力，行銷應用到世界各地。

目前看來，超大型生成式資料系統中心的建構能力以美國為首，中國居次。台灣限於 AI 軟體人才太少、資料中心數據不夠大，以及研發經費不足，無法與之抗衡。然而，在龐大 AI 應用 CLIN-SERVO 的硬韌體整合領域，無疑的，台灣三大產業供應鏈所謂「養兵千日，用兵一時」，正是能發揮最大供應能量的關鍵時刻。

正因為 AI 資料應用中心龐大、快速、精確、雲端的特性，對於產品核心——不管是個人端或資料中心伺服器端晶片設計功能的需求，必需符合上述四大特性的需要，其製造的難度更數倍於過去數十年個人電腦、網際網路產業對晶片的要求。

台積電可以說因應這樣大環境的需要，從 90 年代技術自主研發開始，經過三十幾年，已打好了精密晶片量產高良率的基樁，為 AI 化時代的來臨，做好了九成九的準備，跟全球 Top10 半導體產業，排列於後的九家競爭同業相較，已搶佔了

先機。然而，因應這四大特性的變化與需求，如何在「光電傳導」、「元件更微小化」、「第四類半導體材料商品化」等幾個先進領域，再求突破，以填補這 10% 不足的能力，未來還要繼續努力。

AI 個人電腦元年

2024 年將是 AI PC 元年。AI PC 指的是具備可以執行生成式 AI 功能的個人電腦，AI PC 的概念是，不需透過雲端，就能在個人端運作 AI 功能。這一年初以 Dell、ACER、ASUS、聯想各著名 PC 品牌大廠，先後發佈了 AI Ready 筆電的產品，宣告 AI PC 的時代要來臨。因此，業界紛紛定位 2024 年就是 AI 元年。

AMD 首先在 2024 年提出了 AMD Ryzen AI 的引擎技術，讓用戶可在 AI PC 上更易於使用個人運算的強大功能。目前 AMD Ryzen 7040 系列處理器以及下一代 Ryzen 8040 系列的處理器，它們同時都可支援 AMD Ryzen AI 引擎技術。AMD Ryzen AI 引擎基於全新設計的 XDNA 架構，可以脫離網路和雲端，在本地個人端可執行 AI 的工作負荷，從而降低運作延遲兼保護隱私。當然，它也可以在雲端兩者混合場景中運行，在雲端伺服器和本地筆電之間分配任務、協同運作。

然而，AI PC 目前的定義其實並不夠明確，要在 PC、筆

電上可以獨立執行到什麼程度的模型，並沒有一個標準規範，回到硬體本身，看 Intel、AMD、高通或是 NVIDIA RTX 晶片設計硬體廠商，本身的系統可以執行哪些功能而定。

其實，並不是只有 AI PC 或者 AI 筆電才能跑 AI 模型，就像你現在就可以用自己的電腦，加入算力強的顯卡，安裝 Stable Diffusion 就可跑文、聲、圖。甚至於不買新的顯卡可能也可以用內建顯卡來跑，差別就是在於速度，以及跑出來的圖片的精緻度。

同理，就算沒有加入 NPU（神經網路處理單元）的 PC，只要功能符合，就一樣可跑 AI 模型，關鍵在於整體的算力及功耗，那麼要怎麼看這台電腦支援哪些 AI 功能？主要需要看硬體上 NPC 的規格。再者，何謂 NPU？隨著 AI 時代來臨，NPU（Neural Processing Unit）神經網路處理單元，也就是可以支援 AI 模型的單元，讓手機或是電腦可以實現更強大的 AI 運算能力。

目前有哪些支援 NPU 的筆電平台？包括 Snapdragon X Elite ——專為 AI 打造的 Snapdragon X Elite，整合了全新定製的高通 Oryon CPU、Adreno GPU 以及獨立的 NPU 神經處理器單元。採用 4 奈米製程，CPU 部分採用 12 核心配置，最高時脈為 3.8 GHz。GPU 部分，搭載的 Adreno GPU 提供 4.6 FLOPS 運算效能，支援 DirectX 12 API 以及 4K 60p 10bit 的 H.264/HEVC（H.265）/AV1 螢幕編碼。

至於針對未來需求增加的 AI 運算需求部分，透過高通（Qualcomm）Hexagon NPU，最高可提供 45 TOP（每秒兆次運算）算力，支援在終端側運行超過 130 億參數的生成式 AI 模型，處理速度是競品的 4.5 倍，面向 70 億參數大模型時每秒可生成 30 個 token。據高通表示，這款行動運算 CPU 的性能是競品的兩倍，在達到相同峰值性能時，功耗僅為競品的三分之一。

高通的生成式 AI 模型，其搭載 Snapdragon X Elite 晶片的筆電將在 2024 年中期上市，首批搭配的廠商包括 HP、微軟、聯想和戴爾，高通說明 Elite 系列只是該公司計畫未來幾年發佈的系列版本之一，不同的價位將分據不同的 PC 規格市場，以便全面與英特爾、AMD 競爭。

一. AMD Ryzen 7000 系列

AMD 2023 年初發佈的 Ryzen 7040 系列處理器，第一次為 x86 處理器加入了獨立的 NPU AI 引擎硬體單元，AMD 提出了 AMD Ryzen AI 引擎技術，可讓用戶在 AI PC 上更易於使用個人運算的強大功能，為工作、共同作業和創新開啟全新等級的效率，使您能與周圍的世界保持更緊密的連結。

AMD 提出了 AMD Ryzen AI 引擎技術，可讓用戶在 AI PC 上更易於使用個人運算的強大功能，目前 AMD Ryzen 7040 系列處理器以及下一代 Ryzen 8040 系列的處理器均支援

AMD Ryzen AI 引擎技術。

　　AMD Ryzen AI 引擎基於全新設計的 XDNA 架構，可以脫離網路和雲端，在本地執行 AI 工作負載，進而降低延遲、保護隱私。當然，它也可以在「端 - 雲混合」場景中運行，在雲端伺服器和本地筆電之間分配任務、協同加速。

二 . AMD 在 AI PC 的技術

　　AMD Ryzen 7040、AI300 系列處理器以及下一代 Ryzen 8040 系列的處理器均支援 AMD Ryzen AI 引擎技術。Ryzen AI 的應用也不斷拓展，合作夥伴包括 Adobe、微軟、Avid、BoriS FX、OBS Studio、Topaz Labs、Zoom、CyberLink、XSplit VCam、Luminar、Audacity、ArkRunr、Blackmagic Design、CapCut，以及中國的字節跳動、愛奇藝等等。

　　Ryzen AI 驅動的加速功能目前也已有 100 多個，尤其是在 Adobe Photoshop、Premiere Pro、After Effect、Lightroom 等創意設計軟體中，大量的日常操作都可以從中獲得極大的效率提升。

三 . Intel Core Ultra、LUR Lake 系列

　　接著就是英特爾最新、代號爲「Meteor Lake」的 Core Ultra 行動 PC 處理器。不只內建 CPU、GPU，還整合了一個可用於推論加速的 AI 引擎 NPU，來提高這款處理器對於生成

式 AI 的處理能力，這也是為英特爾首款整合 NPU 的產品。

Meteor Lake 的產品名稱為 Core Ultra 處理器，於 2023 年 12 月 14 日推出。

最新推出的 Core Ultra 系列筆電處理器，同樣是採用混合大小核心設計，提供最高 16 核心，包括 6 個效能 P 核心、8 個效率 E 核心，以及 2 個超低功耗 E 核心，最高 22 條執行緒。透過新一代 Thread Director 技術，可以更精準地分配運算任務給不同型態的核心，以達到更高的系統效能與電池續航力。在時脈方面，最高可達 5.1 GHz，並內建 Intel Arc GPU，最高搭配 8 個 Xe 顯示核心與 XeSS 超採樣技術，相容微軟 DirectX 12 Ultimate，在資料處理和圖形轉換效能有顯著提升。同時透過結合專用 NPU 元件，可整合 CPU 和 GPU 的運算效能，大幅推升裝置端的人工智慧運算效能，使電池續航力提高 2.5 倍。也可搭配 OpenVINO、ONNX 等工具，加速建構各類人工智慧模型與應用服務。

英特爾在 2023 年 9 月底介紹這款處理器曾提到過一個概念，就是表示一款 AI 加持的處理器，不只是需要整合 AI 加速的 NPU 來提高生成式 AI 處理能力，還需要結合模組化、多晶磚式設計等，提升其性能和降低功耗。

英特爾 LUR Lake 可用於 Copilot+ 的最新體驗，一樣奠基於 Intel Core Ultra 的技術，隨著 Intel Core Ultra 處理器正式推出，搭載最新處理器的 AI 筆電也陸續推出，包括台灣

兩大 PC 品牌廠商宏碁、華碩也次序推出系列 AI 個人電腦，包括 Acer Swift Go（SFG14-72）、ASUS Zenbook 14 OLED（UX3405），當然其他品牌也不遑多讓：Dell Inspiron 13 5330、Gigabyte AORUS 17（2024）、Lenovo IdeaPad Pro 5 14IMH9、Lenovo Yoga 9 2-in-1 14IMH9、LG LG gram16（16Z90S）、MSI Prestige 16 AI Evo B1MG、MSI Prestige 13 AI Evo A1MG……等，將推出 230 款產品，並預期在 2028 年時，AI PC 將會佔據 80% 的 PC 市場。

說了老半天，英特爾、AMD、高通、蘋果都有它的 AI PC 晶片，那麼，輝達（NVIDIA）呢？輝達專為 AI PC 設計的 RTX 系列晶片，也逐漸成為主力產品選項。當黃仁勳 2024 年 3 月在自家主辦的 GTC 技術大會上，發表最強功能的 GB 200 系列晶片時，就注定了他會是這波 AI PC 晶片的盟主。想想看 OpenAI 在這一年的 3 月發表它的 Sora ——聲音生成影片的生成式系統版本時，內部用的正是輝達的 GPU、NPU，而馬斯克當月對外說他的 X AI 公司將挑戰 OpenAI，宣布他已向輝達下了 10 萬顆的 GPU ！

我們都知道，近 15 年來，台積電幾乎是輝達這麼多 GPU、NPU 唯一下單的晶片製造供應商，台積的 CoWoS 3D 立體封裝技術，加上 3 奈米製程技術這兩種組合，在當今全球半導體數百家晶圓製造公司當中，根本沒有對手。英特爾基本上已被出局，三星卻遠遠的從後面苦追，這兩大晶圓製

造大廠被台積電十數年練下來的製程先進能力打成落花流水。

　　同樣的，輝達的卓越晶片設計團隊，也在 GPU、NPU 領域嚴格鍛練了 10 年以上研發設計功夫非同小可，如今 AI PC 時代的到來，可以說上述國際個人電腦大廠為了掌握先機，率先推出高效能的 AI PC，必然會搶先採用輝達的 GPU。台積電與輝達又是合作長達 25 年以上的親密夥伴，論生產交貨默契、論領導風格、論兩邊技術團隊的磨合，都已達到最佳化的合作境界，全球哪一家半導體公司可以匹敵？

　　因此，AI PC 這個全球市場，在晶片製造與供應方面，誰是主導者？話語權在誰手裡？不就不言可喻了嗎？

AI 手機

　　什麼是AI手機？簡單來講，就是每位用戶的終端裝置（手機）具備能夠運行語言模型的硬體能力，譬如 Pixel 手機可以在拍照時利用演算法的方式，來提高拍照的品質，就稱得上是 AI 手機。

　　高通大概是蘋果以外，搶先宣示進入 AI 手機的廠商，其發展的 Oryon 技術不僅僅適用於 Windows 筆電，還將在未來進入智慧型手機、汽車、XR 裝置等領域，蘋果也在 2024 年 7 月宣布將把其自行設計的 AI M2 Ultra 系列晶片用在它的 iPhone 16，並導入 OpenAI 合作的 Apple Intelligence。

進一步說，AI（人工智能）手機能透過整合的 AI 技術和演算法來提供更加智慧化、個性化和高效能的用戶體驗。AI 功能不僅限於提升手機的攝影能力，還擴展到了許多其他領域，使得手機成為一個更加強大的個人助理。以下即說明 AI 手機未來需具備的關鍵功能：

一.智慧攝影

- 場景識別：能自動辨識拍攝的對象（譬如：風景、人像、美食或生物等），並且可根據不同場景特性，選擇最佳的攝影角度、光線與配圖。
- 美顏和修圖：使用 AI 進行臉部識別，自動美化照片中的人像，細膩處包括皮膚平滑、瑕疵修正等細節。
- 低光照拍攝優化：在光線不足的環境下自動調整設定最佳光質，捕捉更亮、更清晰的照片。

二.語音助手

- 語音識別和處理：透過 AI 加強語音識別的準確度，允許用戶進行更自然的語音交流、執行命令。
- 個性化學習：根據用戶的語音指令及互動的歷史資料，深度學習用戶的個性偏好，提供更個性化的服務。

三.性能優化

- 能源管理：AI 技術可以分析用戶的應用使用模式，智慧地調節背景應用，以延長電池續航能力。
- 智慧存儲管理：可以定時自動識別及清理不常用、不必要的文件和 App，有效運用手機的儲存記憶空間。

四.安全和隱私保護

- 面部識別和生物識別技術：使用 AI 加強生物識別技術，如面部識別、指紋識別，提高解鎖效率，更具安全性。
- 異常行為檢測：動態分析手機各種使用模式，識別潛在侵入的安全威脅，如惡意軟件和病毒攻擊等，使個人使用更具安全性。

五.使用者介面和體驗

- 智慧推薦：基於用戶長期的使用習慣和偏好，分析並提供新聞、訊息、資料的個性化推薦。
- 自然語言處理：改善自然語言處理能力，使個人手機能更準確地理解和回應用戶的自然語言指令。

六.即時翻譯

- 語音和文字翻譯：提供實時的語音和文字翻譯功能，幫助用戶跨越語言障礙，進行更流暢的國際交流。

未來，AI 技術的迅速發展，使得手機會超越現在的許多功能，成為一個全面向的個人助理，能夠在多種情境下提供支援和服務。未來的 AI 手機將會擁有更多創新功能，不斷提升用戶體驗。

透過人工智能（AI）的各種優化進步，未來幾年內，全球的手機將依序發展出以上非常個人化、最佳化、最適化功能的手機應用。

智慧家電（人工智能家電）

這裡講的智慧家電，是指通過內建的計算及網絡連接功能，能夠實現自動化操作、遠程控制、互聯互通以及自我學習優化等智慧特性的各種家用電子產品。這些產品通常能夠通過家庭無線網絡連接到互聯網，並可透過智慧手機應用、語音助手或其他智慧家居設備進行交互。智慧家電的目的是提高生活質量，節省能源和時間，提升安全和舒適度。

一．智慧家電具備的基本功能

- 遠程遙控機制：用戶無論身處何地，可以透過智慧手機或平板電腦，作遠程遙控的方式，控制家庭各種電器。
- 自動化：智慧家電可以根據預設條件自動操作，如根據時間、溫度或其他環境因素來自動調整設定。

- 能源監控和節能：提供能源消耗數據的實時監控，並可根據使用模式自動調整以提高能源效率。
- 學習和適應用戶習慣：透過機器學習算法，智慧家電能夠長期深度學習用戶的偏好和行為模式，從而進行個性化的設定。
- 互聯互通：能夠與其他智慧型家居設備協同工作，實現整個家庭系統的互聯與完整操作。

二．人工智能家庭電子產品範例

- 智慧照明：可遠程控制和自動調節亮度或顏色，並可根據日光變化或房間使用情況等不同自動開關。
- 智慧恆溫器：自動調整家庭的加熱和冷卻系統，學習用戶的溫度偏好，並可遠程控制。
- 智慧冰箱：能夠監控食品庫存，適當擺放位置，提醒食品逾期及安全性，甚至還可根據食物種類建議食譜。
- 智慧安全系統：包括門鎖、攝像監視器和警報系統，可遠程監控家庭安全，並在有異常時，向個人發出警報。
- 智慧插座和開關：透過聯網，允許用戶遠程控制連接到插座的任何設備，並監控其能源使用情況。
- 智慧洗衣機和乾衣機：用戶可以透過應用程序遠程啟動、檢查洗衣週期，每次還可以根據衣物類型和污漬程度自動選擇最佳洗滌模式。

家庭生活所有能連上電力及通訊的家電產品，隨著 AI 應用的變化，未來的 5-10 年，會有許多意想不到創新、創意的新產品出現，讓過去喊了十幾年的「智慧家庭」、「自動化家居」成為可能，也會帶動家電產業供應鏈一波新的發展，讀者諸君不仿拭目以待。

1.5 AI 發展會泡沫化嗎？

面對近兩年 AI 相關晶片產業的蓬勃發展，只要沾到 AI 的公司股值直直漲，像 NVIDIA、SuperMicro 一度每股高到不可思議的上千美元，「樹大招風」，不免引起不少專家的疑慮，2024 年下半年，有若干的媒體、金融投資家、媒體記者開始出現「人工智慧市場將泡沫化」這樣的論調；到底 AI 的應用及發展只是曇花一現，幾年的光景嗎？

從本章上述的分析，AI 這一波的發展先從晶片設計、製造開始，然後是 AI 伺服器，緊接著就是 AI 個人電腦、AI 手機的成長、起飛，再下來就是萬物連結 AI 的物聯網應用，它遍及汽車、家電、生活用品及工廠製造的自動化、智慧化，最後一波則是「智慧人形機器人」的應用，可以說，每一波的應用及高成長，少則 4、5 年，正常的演展期至少 8-10 年。當然，各波的應用發展期間都會互相重疊。以此推論，AI 進入人類各個生活、工作場域的發展，未來會持續 15-20 年以上。

全球資料中心全面升級

　　2024 年輝達＋台積電成了第一波 AI 應用的寵兒，資料中心（Data Center）及雲端服務廠商爲了接軌人工智慧的應用熱潮，避免在這波應用因更換 AI 機櫃落後，而失去競爭力，以微軟、Google、亞馬遜（AWS）爲首的三大公有雲大咖，數年之間，花在採購 AI 伺服器的換機潮，各自投資了數百億美元。全球爲數四、五千個資料中心（參考表 1.5）爲應付今後各領域多元資料的轉換與檢索，也大量採購建置 AI 伺服器機櫃，積極升格爲 AI 級資料中心。新加入的廠商更是來勢洶洶，以位於紐澤西州的 CoreWeave 爲例，成立才 6、7 年，今年五月才完成新一輪的募資，市值馬上增漲到 190 億美元，爲什麼？因爲它新建資料中心採用輝達最新的 GPU、NPU，提供 AI 新創公司雲端算力租用，比傳統資料中心快 35 倍！從輝達也投資 CoreWeave，透露了黃仁勳在 AI 的第二個戰略：扶植中大型的公有雲及資料中心廠商，將來可以抗衡前述三大公有雲廠商，使得輝達在 AI 時代，不僅僅是晶片設計廠商而已，預計第四季開始供貨的 AI 伺服器 GB200NVL72 系列，由鴻海製造，冠上 NVIDIA 品牌，一個機櫃相當於一億台幣售價，但因爲採用完全液冷式，佔資料中心的面積只有傳統的 1/10，黃仁勳強調它：「省電、省面積、省資金，效率卻更高」，顛覆了資料中心的經營思維。

這波資料中心的升級可以說是爭搶 GPU 的競賽，拿《巴倫週刊》2024 年 9 月訪問甲骨文創辦人兼執行長艾利森的一段話可知，艾利森對巴倫週刊的記者說；「那天我跟特斯拉執行長馬斯克和黃仁勳，在矽谷 Palo Alto 的 Nobel 餐廳用餐，我跟馬斯克整晚都要求黃仁勳賣給我們更多的 GPU，求他賺我們的錢」。他們兩人要建立的大資料中心，都表明要 10 萬顆以上輝達最新的 NVIDIA GB200 Blackwell NVL 72，有專家評估每一顆的價格接近 7 萬美元，但因為第四季輝達出貨時，會以整台掛 NVIDIA 品牌的伺服器機櫃出售，每台機櫃內部結合輝達不同的 GPU、NPU 數百顆，是以上億元台幣報價，由此推論，這兩位大咖要蓋的超大型資料中心，光是設備購置費用就要數十億美元！

黃仁勳的 GPU 是台積電生產的，AI 伺服器是鴻海等幾家台灣 ICT 廠商供應的，從 2024 到 2027 年，是全球資料中心的 AI 換機高潮，未來的 2-3 年，輝達高功能的 GPU 對資料中心來講，將呈現供不應求的情況。有趣的是，台積電居於這個 AI 第一波應用潮的中心點，它的 5/4/3 奈米晶片及 CoWos 封裝產能根本應付不了這麼強勁的需求，不斷的擴廠、建廠之下，到 2026 年底，產能也許勉強可以應付數千個資料中心升級的需求。可是 AI 手機及筆電也開始進入大量換機潮，台積電還是要被上百家的晶片設計廠商繼續追著跑。

AI PC、AI 手機接棒發展

　　資料中心換機潮的時間，正好給了所有 AI PC 及 AI 手機廠商有足夠的時間，研發成熟的 AI 架構，不僅是合乎性價比的 GPU、NPU 開發出來，筆電及手機的其他配件、電池蓄電力及效能、應用程式（App）等也能適時的出籠，所以說，適合消費者需要的 AI 筆電與手機，2026 年才會逐漸成熟，就又銜接了第二波的應用。在這同時，因為 AI 伺服器消耗較大電量的特性，電廠的供電電力成長跟不上資料中心 AI 化所增長的電力。舉個例，一個中大型的資料中心從興建到營運，平均是 18 個月，而一座新電廠，從興建到營運卻要 3-5 年，即使擴廠，最快也要 3 年。所以，未來，各地的資料中心會發生「搶電力」的現象，這也影響了資料中心的 AI 換機進度。因此筆者估計，全球的資料中心即使到了 2026 年底，能有一半具備完整處理 AI 資訊的功能，就很不錯了。

　　認為 AI 會泡沫化的一派專家論點是；看不到 AI 應用的商業模式？然而，資料中心及公有雲的存在，就是提供無數的企業某種營運的需要，今後，人工智慧不斷的擴及產業「產銷人發財」的各種應用，這種需求是以倍數成長來呈現，資料中心要適時的與全球企業需求接軌，不投資就落伍，就失去競爭力，投資 AI 伺服器必然是大勢所趨。

　　至於第二波的 AI 手機及筆電應用，我們看過去 15 年，

蘋果 iPhone 一代又一代的發展就知道了，一個完整又符合性價比的 AI 筆電、手機，使用者爲了工作、爲了學習、爲了生活的多樣化需求情趣，這種換機潮會逐漸的爆發，而這過程中，又激發了無數現有或新創企業研究各種新創意、新功能，讓這波應用呈正向的螺旋式成長。

請問這樣的發展，是不是最有潛力的商業模式？

表 1-5

排名	國家	數量
1	美國	2976
2	德國	380
3	英國	375
4	印度	244
5	加拿大	239
6	澳洲	237
7	法國	234
8	荷蘭	173
9	日本	166
10	巴西	150
11	台灣	12
12	中國	136

資料來源：Data Center Map

當然，在 AI 電腦、手機完整功能呈現的演變過程中，跟當年 WinTel PC 聯網、iPhone 發展過程樣，許許多多的應用軟體會跟著出現，就會產生許多的獲利商業模式，這些商業模式會再衍生更多的應用模式。因此，一個繼電子商務後的大創業潮，會從 2025 年開始逐漸展開，而在 2026-2030 年之間，成為全球一股 AI 帶來的新興企業潮流。

第二章

台美聯盟最強陣容

黃仁勳為什麼力挺台灣 ICT 廠商？

2024 年 6 月 2 日，台北「國際電腦展（COMPUTEX Show）」開幕前夕，輝達創辦人兼 CEO 黃仁勳在台灣大學可容納 6 千人的體育館，作了一場演講，揭示 NVIDIA 最強的 GPU 晶片 Blackwell 720 將在第四季問世。更令人驚訝的是在演講最後，他展示一張 PPT，幫台灣 102 家 ICT 廠商大力宣揚。

商業周刊 1908 期（2024/06/16）封面故事就以「黃仁勳揪台廠攻 21 兆市場！」從車用 AI、醫療生成 AI、邊緣運算 AI、人型機器人 AI 到數位孿生工廠、工廠自動化 AI，到 2035 年以前將有 7000 億美元的市場，這些是 NVIDIA+ 台灣 ICT 廠的天下！

為什麼黃仁勳會在全球科技、金融業面前力挺這群台商？感情因素嗎？不是的！數十年來包括 IBM、微軟、Apple、HP、英特爾等美國頂尖科技大公司，雖然把他們的個人電腦、平板、筆電、手機、網通產品、伺服器等數百項科技產品委託台廠設計、生產（OEM/ODM），可是他們的董事長、執行長並不是那麼了解台商。中間通常隔了兩層，也就是管採購 VP、亞太地區、台灣分公司高層階主管，從沒有排名全球前五名的科技公司 CEO，如黃仁勳者，這麼貼近台商，這麼了解台灣 ICT 產業的核心能力。

2.1 全球最強 AI 產業供應鏈在台灣

　　台灣包括電子零組件製造業、個人電腦暨周邊產品、消費電子產品及光電面板、電信業及資訊服務業，加起來的所謂 ICT（Information & Communication Technology）通稱「資通產業」，從 1990 年代起，逐漸的扎根、茁壯，自 2000 年起，就成了出口產值最大的產業。2022 年台灣出口值創下 4800 多億美元的歷史新高，這幾大產業貢獻了六成的產值，如果把工廠設在中國大陸，直接從大陸本地接單的產值計入，會超過 3500 億美元，佔台灣整體產業出口產值的七成以上。天下雜誌每年 5 月的「製造業一千大」的前一百名，ICT 產業廠商佔了 2/3 的比重。

　　資通產業所以能創造出這麼大的能量，其實是蓄積四十幾年的實力，從 1980 年代消費電子的成長，到 1990 年代個人電腦暨周邊產業的高成長，以及隨之而來通訊網路產業的興起；從零組件純代工、到整台成品組裝的 OEM，形成了堅強而壯大的產業供應鏈，緊接著這些中大廠開始做設計研發

（ODM），到全球品牌行銷。可以說，台灣資通產業這麼多年來，已練就全球 3C（消費電子、電腦、通訊）領域，商品化量產最強的本事。他們專業、高效率、全力以赴的敬業精神被 AI 晶片教父黃仁勳看到了，非常清楚。因此，在他的驅動下，輝達各研發部門與台廠這一百多家資通廠商通力合作，只要台廠主管對黃仁勳承諾後，那種沒日沒夜、使命必達的拼命三郎精神，深深印在他及輝達團隊的腦海；一旦輝達 AI 超級晶片做出來了，想把它實現、應用在各種場域，他找台灣廠商合作就對了。事實證明，除了台積電是他第一個最大、最關鍵的合作夥伴外，這數十家台灣背景的資通中大廠，也幫助輝達的產品揮灑自如。我們可以預見的是未來十年，NVIDIA 系列 AI 晶片及系統設計，在這群台廠相互支援合作之下，將會一一實現，大量生產提供全世界各行各業應用。在「伯樂碰到千里馬」，這樣的前提下，輝達將穩穩的發展成為全球 AI 晶片、系統及架構的領導者。

黃仁勳在台灣大學的這場演講，造成了台灣島內一股大旋風，「黃仁勳熱」、「黃仁勳顯學」、「黃仁勳說」成了台灣不分黨派、不分士農工商、不分販夫走卒上上下下相互推介、述說的主題。他在演講最後秀這 102 家台灣資通（ICT）廠商公司名字後，這些廠商股票市值直直漲，其後幾天更成了全台灣茶餘飯後爭相談論的焦點。

這場演講，除了在場 5、6 千位 ICT 老闆、專家學者、

AI 開發、應用商以外，同時對全球連線同步轉播；因此，也成了全球關心 AI 相關發展、應用人士注目的焦點。黃仁勳為什麼在全台灣及世人面前，如此的推捧這一群台廠？是他喜歡台灣的夜市、是父母家鄉那份親情嗎？當然是。然而，當商業周刊記者問他：台灣的哪些面向是您很希望宣傳的？他回答：「我們人民的精神，我們國家的潛力！」（商業周刊 1908 期 77 頁），這句話，才是他多年來與台灣 ICT 長年合作下，打從內心深深體悟後的感想。

台廠合作夥伴劍及履及的效率、日夜不停認真投入、重視承諾、以及累積數十年培養的專業研發生產能力，讓輝達的許多團隊感受到了，也讓大老闆黃仁勳感受到了，他才會說出這句話。從以下幾個故事，讀者諸君會明白，原來，台灣 ICT 廠商蓄積多年的團隊默契與功力，終究在 AI 大潮風起雲湧的此刻，藉著 NVIDIA、AMD、高通、博通、英特爾這群美國半導體超大廠，以及蘋果、亞馬遜、Meta、Google、微軟等硬軟體網路大咖的加持，成了 AI 應用最重要的研究製造夥伴與供應鏈。

為什麼筆者會強調全球最強 AI 產業供應鏈在台灣？我們不妨看看以下幾個故事。

故事一：工業電腦大廠研華走入 AI 領域

全球最大工業電腦大廠研華，何時進入 AI 產品領域的？

是從工業自動化 AI 化開始嗎？這家長年做電腦硬體的公司切入 AI 哪一塊？為什麼？

原來研華與輝達的合作始自 2019 年元月，一封來自美國矽谷輝達的電子郵件，詢問時為「產業雲暨影像科技部門」副總經理的鮑志偉，能否在兩個月時間，將輝達剛完成的一個 GPU 晶片做成一個邊緣運算產品？鮑志偉與內部討論後，二話不說，就接下這個個案。

就這樣，雙方團隊兩個月時間，來來去去開了多場會議，不斷溝通協調之下，終於趕在當年輝達 3 月的 GTC 技術論壇上發表；也因此，到 2024 年的五年當中，輝達與研華始終保持密切聯繫與合作，每次新的 GPU 問世，一定會給研華嘗試做成各種末端應用。

因此，從邊緣 PC 開始，研華的這個團隊不斷擴充軟體工程師，到 2024 年，佔了近 200 人中的一半，這在研華各專業事業部門是難以想像的事；然而來自 AI 邊緣運算的產品或系統收入 2023 年已達 26 億元，就是眼睜睜的一項事實。

雖然，研華的投入 AI 應用領域，是個「無心插柳，柳成蔭」的美好結果，但從第一個專案開始，研華團隊兩個月三班制不眠不休的開發、修正，最後完成輝達交付的任務，讓輝達的主管、老闆黃仁勳認識台灣 ICT 廠商這種使命必達的精神。輝達的團隊直呼，找到全世界最合適的開發合作對象，而這個對象，不僅僅是研華一家而已。台灣的 ICT 廠商數十

年來，就是以英特爾當年最傑出董事長安迪·葛洛夫「十倍速的精神」與國外大廠進行合作開發，這種「專業＋經驗＋信任＋全力以赴」的特質，除了台灣 ICT 廠商，其他地區恐怕打著燈籠也找不到了。

對輝達而言，簡直是撿到一塊寶，而這塊「寶」，就像鍾子期碰到伯牙一樣。黃仁勳充分了解台灣 ICT 廠商的這份實力與敬業精神，加上他與台灣這塊土地的感情鏈結，不斷尋找台灣排名前一百大 ICT 廠商；多年來進行各種研發合作，才能讓他踏出只做 GPU 晶片邁入應用的一大步，也帶動了 GPU 晶片更大的需求量，是個 1 加 1 大於 2 的績效。所以，黃仁勳從 2023 年宣布輝達進入 AI 的四大領域，其中雲端應用與邊緣運算靠的就是台灣 ICT 這麼多強有力的專業團隊，輝達每年開發出來最新功能的系列 GPU 晶片各種運用，可以迅速實現！

故事二：所羅門的 AI 機器人

工廠自動化從日本日立（HITACHI）1980 年代量產機器人（機器手臂）開始，也有四十幾年時間。如今，人形機器人也有不少公司積極開發中，隨著晶片越做越精密，機械手臂也用於高度真空環境下，操作極微小的元件，像日本平田機工就提供給台積電先進奈米晶片生產工廠製程的機器人。

這個故事要談的是「協作機器人」，主角是所羅門

（SOLOMON）。這家台灣資通產業的老將，從代理零組件起家，後來提供各種服務（MCC）業務，2013 年起開始代理UB 機器人設備，藉著這個機會，開始在機器人應用的領域摸索、開發，從為研發而研發，經歷許多挫折，到「因應客戶需求」而開發，在機器人場域累積了許多經驗。2018 年在一次在與輝達的接觸中，雙方開始合作，輝達有最強的 AI 技術，所羅門有豐富的場域應用經驗，因此，5 年來，在製造業、物流業等行業開始練兵。如今，所羅門集合了東南亞的印度、印尼、越南，以及中南美洲的尼加拉瓜、哥斯大黎加、非洲的史瓦濟蘭等技術人才，組成了一個聯合國型技術團隊，並為包括這些國家在內的客戶，開發各種自動化應用。

該公司在影像視覺系統累積了多年的技術，對於導入 AI到數位孿生工廠的輝達，正是 AI 工廠建廠、運作智慧化非常需要的夥伴。根據商業周刊 1908 期的報導指出，所羅門在2019 年時，即幫助一家日系車廠，用它研發成功的「汽車防水膠噴塗機器人」，透過視覺系統及動態調焦定位的技術，設定與車身距離兩公分的精準定位，完成全車噴塗作業。並且，整套系統的成本只有日系車廠的 1/10，效率更好。這也是輝達看中所羅門的這個實力，肯定是汽車及其它工廠生產線，未來運用 AI 視覺系統，協助工廠自動化的關鍵經驗。

故事三：美超微與輝達的長期夥伴關係

　　美超微（Super Micro）跟輝達的關係可說是淵源流長，兩家公司的創辦人梁見後、黃仁勳有三個共同特質：第一，他們都是在1993年在矽谷創業，兩家公司地址創業至今不變，開車距離只有15分鐘。第二，兩個人都是在台灣出生，黃仁勳出生於台南，9歲左右跟著父母到美國；梁見後則出生於嘉義的鄉下竹崎，他讀台北科技大學電機系畢業後，赴美進修，碩士後留在美國創業，所以兩個人的台語都很溜。第三，兩個人都學電機，卻都走入電腦產業，後來梁在硬體領域、黃在軟體（韌體）領域各自精鍊本事。

　　兩個人因特質接近，所以很早就認識、切磋，然而在事業合作的開始，源自於十幾年前，輝達作圖形運算時，需要很強的伺服器，美超微就為輝達量身訂做算力快的伺服器。一直到三、四年前，AI崛起，美超微就為輝達開發第一款AI伺服器，隨著輝達近年的成功，美超微也一炮而紅，成了AI伺服器的先驅，2024年第一季已成為全球自有品牌AI伺服器的第一名。

　　輝達要推出AI的四大領域產品、服務，很大的一塊是：要有很強的AI伺服器；然而，隨著NVIDIA的A100、H100、A200、H200到2024年的GB200，AI GPU晶片功能越來越多、算力越快、整合功能越多，在伺服器運作過程中，

就會產生越來越多的熱量，解決之道，就是要運用高效散熱的介質。台北工專出身的梁見後，注意到這個問題，開始用高效的液體介質，推出所謂液冷式伺服器，一舉解決高熱快散的關鍵問題。因此 Supermicro 的股票市值才會在最高的時候，一度超越輝達每股高達 1209 美元。

在 2024 年 6 月台北舉行的國際電腦展，黃仁勳更攜手梁見後，兩人在演講舞台上，秀出美超微內部採用輝達最新晶片的 GB200 GPU 的液冷式伺服器，兩家公司合作無間，同時邁向 AI 大時代！

故事四：達明的協作型機器人

打從 1980 年代，筆者在跑科技新聞的階段，工研院機械研究所就是台灣公民營機構最早投入機器人（手臂）的單位，那個時期，在留德博士徐佳銘所長領導下，每隔一陣子就會有相關機器人原型產品的發表，是帶動台灣從事機器人研究的先鋒。上市公司盟立是第一家專研機器手臂的公司，其創辦人孫弘即來自機械所。所以，台灣工業界對機器人的研發啟蒙很早，也幫台灣培養了第一批相關專業人才。

達明母公司廣達董事長林百里很早就看到這個領域，1999 年他邀請陳尚昊與工研院團隊，成立了廣明光電，第一項產品薄型光碟機當時一炮而紅，可惜沒幾年「超薄筆電」

問世，這款產品就失去優勢。團隊在 2011 年內部成立機器人實驗室，以 5 年的時間進行研發，有了成果後，2016 年把這群團隊移轉出去，成立了「達明機器人」，利用攝影鏡頭與機器手臂結合的功能特性，成為該領域的領先群。

2018 年有個汽車廠生產線碰到困難，他們要求把三十台攝影機整合到機台的四隻機器手臂上，以當時傳統的做法來看，要將硬軟體整合起來是十分困難的事。就在同一時間，輝達正陸續接觸台灣一群中大型 ICT 資深廠商，開始研究如何把 AI 導入工業的各個領域。達明團隊想到，如果把輝達高階圖形顯卡放入 PC 當中，置於機台旁，與機器手臂連線，透過快速運算，即可迅速解決該項生產線複雜動態、定位的問題。為了這個專案，達明放棄自己長年研發的控制軟體，花了五個月，修改模型，將軟體整合機器手臂的 30 台攝影機，於是，達明的第一支 AI 機器手臂，即研發成功。以前要四個人花 10 分鐘在現場檢查，防止機器與辨識系統產生錯誤，現在只要 80 秒，完全不用一個人！（參考商業周刊 1908 期報導）

這中間的關鍵就是：達明建立了一個內部的 LLM 生成式模型，未來，隨著承接生產線的案例越多，餵給該模型的參數就越多，協助生產線動態、定位的多元功能越多，越準確。對於高科技、複雜度高、要求高效準確定位的生產線，達明這套系統發展下去，將成為全球這個領域的領導者。

故事五：致茂讓輝達 GPU 品質到位

　　成立於 1984 年，以自有品牌 Chroma 行銷全球的致茂電子，三十年來從量測儀器測試系統做起，已成為全方位量測與自動化整廠系統輸出的專業電子公司，它跟輝達的接觸遠自 2015 年，當時 NVIDIA 出廠的圖形卡品質測試都 OK，但是送到客戶主機板就出問題。致茂的系統及測試設備（SLT），及時向輝達提供這個解決方案，經過致茂 SLT 設備檢測後，輝達顯示卡的良率明顯提昇，就這樣致茂成了輝達每一代圖形卡晶片的獨家合作廠商，一直到現在。

　　董事長黃欽明是交大電子系畢業，當年跟三位交大夥伴創立這家公司，如今營收規模已達 186.7 億台幣（2023），資本額 42.5 億，去年稅後純益卻高達近 40 億，可說是台灣測試設備領域的隱形冠軍。

　　致茂與輝達的緊密關係，可從兩件事看出端倪：一是 2019 年左右，它在美國西岸矽谷的分公司，為輝達設立專屬的實驗室，換言之，輝達晶片樣品一做出來，就可立即進行測試，配合輝達新產品技術同步發展；另一方面，輝達供應商通常有兩家以上，但是十五年來美國的 Teradyne 日本 Advantest 兩家大廠，始終打不進來輝達供應商圈子，即為一例。

　　除了致茂與輝達在中小規模時，就發展長達 15 年親密的

合作默契外，致茂經營團隊技術本位的個性，在測試領域的技術研發始終走在前面，尤其 AI 這一波。致茂新一代的 SLT 設備一次可同時測試 32 組 GPU 晶片，且數年前購併美國 ESS 公司後，測試設備的溫控範圍可達 1500 瓦的冷卻技術，對該公司未來在 AI、衛星、生醫幾個領域有更大的發展空間。

故事六：數位孿生工廠

什麼是「數位孿生工廠」？簡單來講，就是模擬一座實地運作的工廠，將實體工廠的每一部機台、設備、組裝線完全仿造成一模一樣的虛擬數位工廠，然後虛擬工廠與實體工廠生產線「同步運作」。

這本來只是黃仁勳腦中的一個構想，他看到了如何透過快速運算 GPU 組成的系統，讓工廠主管在甲地也可監看乙地工廠的運作；同理，不只是坐辦公室的白領階級，工廠主管「work at home」在家上班、在家監控製程也成為可能。

2023 年 6 月國際電腦展的演講後，黃仁勳約了電子五哥之一緯創網通事業群總經理林威遠見面，然後，交談中黃仁勳問林威遠關鍵的一個問題：你們願不願意用輝達的 Omniverse（數位孿生工廠軟體）來打造一座虛擬工廠呢？林威遠當然一口答應，回去後與主管製造的「全球製造總經理」賴志忠討論，開始起步設計虛擬工廠的專案。

事實上，緯創早在幾年前，內部就在研究協助工廠製造的虛擬軟體，但都不好用，為什麼他們要進行這一類的研究呢？因為在人才缺工潮及年輕人不願到生產線的雙管趨勢下，虛擬工廠模式同步幫助實體工廠的運作，減少現場人力，擴展了具豐富經驗的高階主管能在短時間內，同時監控海內外工廠運作的狀況，因此，勢必成為未來的趨勢。當內部還在反覆討論、研究、修正的此時，全球 AI 龍頭願意主動分享其最新晶片與軟體，合作研發「數位孿生工廠」系統時，並且是 CEO 親自跳下來談，緯創高層當然很高興的答應。於是，賴志忠就拿新竹湖口一廠生產輝達 GPU 組裝的 AI 伺服器，作為這個數位孿生工廠的模型試驗，兩家公司的合作，算是輝達與數十家台廠最晚的 AI 應用專案。但是「有關係，就沒關係」，在緯創集團掌門人林憲銘全力支持下，兩邊都得到最高層的關注與支援。

雙方每週召開線上會議，分工合作，所有碰到的問題在幾天內立即解決。有次，為了每次新建一個虛擬製程，就要從頭到尾再模擬一次，非常曠日費時，尤其，工廠有很多機台或製程模組其實是相同的。在輝達高層建議下，賴志忠立即從內部組成二十多人的團隊，只花一個月時間，就打造了「Wistron Foundation App」的軟體，可複製相同製程性質的模型，縮短虛擬工廠機台建模的時間，成為一個非常有生產力的工具。

2023 年 11 月，只花了不到半年時間，緯創即複製了與湖

口一廠一模一樣的虛擬工廠，內部稱它為元宇宙世界的試驗，並且，緯創內部還發現了它的幾個神奇功能。其一，這個系統不僅能「化實為虛」，也可「化虛為實」，也就是說，製程中有些新製程模式，可以在虛擬工廠先設計、運作，然後，在實體工廠將它實現；其二，虛擬工廠與實體運作過程中，因為不必中斷生產，所以可以作節能、簡化、增加效率的實驗，可行後，再在實體工廠進行調整、修正，這就在未來工廠運作過程，產生了許多想像空間。可想而知的是數位孿生工廠將改變未來世界工廠運作的概念。

令人省思的是 Google、Meta 在元宇宙世界，從第一代的 AR、VR 發展到今天，一直未能像 iPhone 智慧手機般的成為人們生活、工作不可或缺，極方便的行動工具，原因之一，未能達到真正「Killer application」程度有關。台灣 ICT 廠商最擅長的，就是生產中高階的 3C 產品。「羅馬不是一天造成的」，同樣的，AI 的應用世界當中，有很多模式是要花很長時間去摸索、試驗、修正，更多的案例都不是像網路、軟體場域一般，幾個人就可開發出來。通常要有一大群工程師跳下來研發，花時間又花錢，所以非中大型企業無以為功。

故事七：艾瑪斯科技（AMAS）

跟前述全球 AI 伺服器市佔率第一的 Supermicro（美超微）

一樣，把工廠設在矽谷，十幾年前就跟輝達、微軟合作。這就是原總部設在矽谷，2023年卻搬回來台灣上市的艾瑪斯科技公司（AMAS），三個創辦人倪小菁（董事長）、倪集烈、施克勤（執行長）都是從台灣的大學畢業後，赴美留學，然後在1984年成立這家公司。

艾瑪斯如同台灣宏碁、神達等大廠一樣，一開始先做代理台灣電腦周邊產品的業務，後來桌上型個人電腦（PC）開始流行，於是從事PC組裝生意。到了2000年左右，個人電腦已是美國幾個大廠IBM、戴爾、HP的天下，進入筆電階段，小廠更難與大廠競爭，他們下單給台灣的代工大廠宏碁（後來一拆二，由緯創代工）、華碩（和碩代工）、廣達，因此，艾瑪斯果斷的放棄PC產銷，改投入伺服器的製造。

2010年，偶然的機會，倪集烈他們三人看到輝達的遊戲機一部伺服器GPU、CPU居然有上百顆以上，很厲害，就開始與輝達合作，當年就推出以輝達GPU為核心的Tesla C1060伺服器。正因為很早投入GPU伺服器的行列，艾瑪斯就發現這種集數百顆GPU於一身的伺服器發熱量很大，必需有更有效的散熱方式，因此就研發推出液冷式的水冷板，還可以為客戶量身訂做。微軟以AI演算法為主題之一的「工程＆科學研究實驗室」就採用它的水冷板伺服器，艾瑪斯也成了輝達資料中心系統整合認證的五家合作廠商之一。

相信艾瑪斯已看到輝達與台灣中大型ICT廠商集氣於一

身的緊密合作，因此，決定將總部移回台灣的前幾年，它積極布局，跟鴻海也進行合作，並且在上市之前，開放 25.74% 股份給鴻海加入。有了這個富爸爸的加持，未來，跟著 AI 發展的趨勢，艾瑪斯可以隨時接大單，不怕產能不足的問題，鴻海龐大生產線，就是它的後盾。

觀察艾瑪斯發展的軌跡，幾乎就是美超微的縮小版，美超微 2023 營業額已衝到 70 億美元，依照台灣產業排行，入列電子十哥大廠行列，而艾瑪斯營業額剛破 2 億美元，且專長一樣是液冷式伺服器。輝達從實驗室剛研發出來的 GPU，通常會先給美超微、緯創、研華等大廠，置入各種應用的伺服器，才能產生產業擴大效應，這方面，艾瑪斯還要繼續努力，走出獨特的技術功能。

看了以上七個故事，就可知道，輝達在最高當家的——創辦人兼 CEO 黃仁勳充滿想像的格局、視野、認知領導下，全力的把它的 AI 晶片與全球 ICT 產業最強的對象——台灣 ICT 百家企業合作，合作時間從一年到五、六年不等，讓他腦海中的構想一一實現。可想而知的是台灣這群 ICT 中大廠，未來將結合他們自己的上下游廠商，為這個世界打造一個充滿各色各樣的 AI 應用模式。當然，台灣 ICT 產業未來一、二十年隨著 AI 應用的好光景，也將繼續高成長、茁壯。

2.2 四位華人掌握 AI 產業

蘇姿丰（美商 AMD 執行長）

　　一位畢業於 MIT 的博士女生，從小養成了解問題、追究問題、解決問題的習慣，能把複雜的問題剝絲抽繭簡單化，又能鍥而不捨。花了將近十年的努力，居然把一家搖搖欲墜的大半導體公司整個翻轉過來，讓公司的股票從 2013 年一股最低時的 2 美元，漲到 2024 年 2 月底的 192 美元，整整飆高 96 倍！這個可尊敬的 AMD 領導人，就是人稱 Lisa Su 的蘇姿丰。觀察全球半導體晶片領域，她是繼輝達推出 AI 晶片後，緊跟著推出 AI GPU、NPU 晶片的第二家，並且 AMD 的 AI 晶片，還被矽谷專家史丹佛教授吳恩達評為極優秀的 AI 晶片技術。可見，未來十年，AMD 在 Lisa 蘇的領導下發展仍然無可限量。

　　這位嬌小、表現卻極為巨大、傑出的女士，來自哪裡？

她的出生地竟然是台灣台南！2024 年 6 月的國際電腦展
（COMPUTEX）第一場貴賓演講，就安排她搶頭香，緊接著
就是高通 CEO 及英特爾 CEO 季辛格。次日她還特別到出生
地的台南，跟在地年輕人作了一場演講，鄉親們紛紛與她合
照。這年 9 月 AMD 也宣布在台南、高雄成立大研發中心的計
畫。

黃仁勳（輝達 NVIDIA 創辦人兼 CEO）

　　NVIDIA 的執行長黃仁勳就不用說了，大家都知道他在台
灣出生，父母在他 9 歲的時候，因爲工作關係，轉到美國，
因此，全家 80 年代就移民到美國。青少年時期，他同美國許
多年輕人一樣，也會到速食餐廳打工、洗碗盤，憑自己的勞
力賺零用錢。如同許多華人父母重視小孩教育一樣，黃仁勳
父母協助他唸大學、研究所，並且，讓他發揮自己的興趣，
走電機工程這門工程專業。他有天分，也很努力，最終從史
丹佛大學拿到電機博士學位，然後創業。剛創業時，很辛苦，
除了技術研發外，作爲創辦人，還得協助開拓業務、籌措資
金，有幾次公司財務周轉困難，差點過不了關。幸運的是，
他在創業、成長過程中碰到不少貴人，其中之一就是很欣賞
他認眞、極度對自己有信心的張忠謀。初期他還在專研電腦
圖形卡，業務量還不大，欠了台積電不少貨款，台積看好他，

給予財務延後付款，讓輝達撐了過來。

黃仁勳獨具慧眼，2010 年初時，就看到電競遊戲這塊領域，要求平行運算力極快的圖形卡，因此，就專研圖形卡的核心—— GPU。沒想到，2022 年 AI 開始在全球火紅起來後，特別需要運算能力特快的 GPU，輝達憑藉其累積十幾年技術經驗的 GPU 與 CUDA 技術架構等優勢，一炮而紅。輝達業務 2023 年起的每一季，業務成長翻倍，年成長數十倍，2024 年仍然如此。除了公司股價步步高升，2024 年 6 月每股股價破一千美元外，有幾天市值甚至於超越蘋果電腦、微軟，成為全球市值第一！兩年不到的時間，排名從百名外，迅速超前到全球十大的前三名，因為市值破 2 兆美元，黃仁勳的身價也跟著破 2 兆台幣，讓他進入世界最有錢 Top 20 人的行列。

張忠謀（台積電創辦人）

另一位是美國公民，舉世皆知，54 歲才定居台灣，視台灣為第二故鄉，長期居住達 40 年之久的華人，他 56 歲才創辦半導體公司，卻在 86 歲退休的時候，把公司的專業成就做到世界第一，全球科技產業領域的典範。讀者諸君自然猜到了，他就是張忠謀先生！他是 50 年代，不少美國華裔專家的典型；中國出生，青少年時期因為抗戰（中日戰爭）逃難，全家搬了幾次家，從大陸到香港、重慶，最後從上海南洋模

範中學畢業，在中國陷於國共內戰情勢混亂之下，改赴美國求學，那時候的張忠謀才 18 歲，就這樣一路在哈佛大學（大一）、麻省理工學院（MIT）唸大學（大二至大四）、碩士。

畢業後，因緣際會之下，投入半導體公司，那時候美國雖然是半導體產業的創始者，卻剛萌芽，規模還不大。張忠謀一頭栽進去後，前後 29 年，歷經工程師、生產主管、行銷經理到高階經理人，練就了一身半導體產業經營的本事，中間（1964 年）因表現優異，還被 TI（德州儀器）高層送至史丹佛大學進修，獲得電機博士學位。然而他卻在 53 歲壯年時，事業發生了變化，被當時的台灣科技教父李國鼎及工研院董事長徐賢修力邀至台灣，擔任工研院院長，且因緣際會的成立台積電這家公司。他全副心力將 29 年累積的全部經驗投射在 TSMC 上，終於成就一番大事業，帶領台積電成為世界半導體產業的巨星，「沒有張忠謀，就沒有台積電」，一點也沒錯。退休後，他都住在台灣，他的家，就在這裡，他對台積電、對全球半導體產業仍是一言九鼎。

梁見後（美超微 Super Micro 創辦人、董事長）

梁見後，是美國「美超微」（Super Micro）的創辦人兼 CEO，二十幾歲在台灣台北科技大學畢業、當過助教後，赴美進修，後來留在美國工作。1993 年，他在跟黃仁勳創辦輝

達的同一年，創立了美超微，如同許多高科技創業華人一樣，美超微也在困難中，逐漸茁壯。到了 2012 年營業額突破十億美元時，大展鴻圖，買下矽谷「聖荷西信使報」在該地區佔地 20 個足球場大的土地，設立大型製造工廠。這是美國華人比較特殊的案例，製造工廠居然不選台灣、中國大陸，而設在全球高科技的核心地區！他的說法是：如此可接近大客戶，近身了解客戶的需求。事實上，從 2012 年，他就開始與輝達合作研製 AI 伺服器的可能性，證明他獨具眼光，很早就看到 AI 發展的潛力。

2020 年時，因為舊識——當時台灣經濟部長沈榮津的引介，斥資台幣 200 億在桃園設立一座 AI 級伺服器工廠，也算是「鮭魚返鄉」。這個廠在 2023 年 AI 開始大紅起來的時機，滿足了市場及大客戶輝達的需求，開出超大產能，成了 AI 伺服器當紅炸子雞；2023 年營業額衝到 70 億美元，使得美超微股票市值翻了數十倍，也讓梁見後成了身價近百億美元的富豪。他的幾個兄弟在他提拔下，也都成了中大型企業負責人。他的弟弟梁見發還是台灣伺服器、手機機殼最大製造商之一。

這四位領導人來自不同的家庭背景及出生地，卻有共同的鏈結——從事半導體行業，也都是華人背景；如今，都在半導體產業 AI 晶片設計製造、AI 伺服器這個大領域相遇、合作，並且都是全球 AI 市場的關鍵角色，對人類 AI 應用的未

來，各自貢獻相當的專業功能，大家賦予最大的期待。

到底一家公司的偉大是靠什麼？創辦人（董事長）的英明領導？人才團隊的努力？大環境的機運？還是雄厚的資金？傑出的技術及專利？

比起傳統產業，半導體公司更是不一樣，除了領導人、團隊、資金、技術缺一不可外，從台積電 35 年的發展，以及美國廠（亞力桑那）、日本廠（熊本）的建廠過程，我們可以推論，長期而言，「企業文化」才是維持企業長期競爭力的核心元素。

2.3 輝達聯盟引領全球 AI 市場

　　NVIDIA 創辦人黃仁勳在 OpenAI 使用該公司的 GPU 發展出第一代的 ChatGPT 版本時，正式昭告世人：AI 的 iPhone 時刻已來臨！這個意思即宣告如同第一代 iPhone 帶動全世界使用手機的習慣改變，讓智慧手機引領全球使用人在生活上食衣住行育樂的實質改變，人工智慧對談系統，也會帶動這一代人類在教育、學習、工作、健康醫療的種種知識吸收、判斷的大改變，這就是所謂的 iPhone 時刻。

　　進一步，2024 年 6 月，在台北舉行的 COMPUTEX SHOW，創造了該項展覽舉辦 42 年來最大的規模。不僅來自世界各國的 Buyer 高達一萬七千多人，展出攤位也是近 5 年最大，尤其今年的主軸 AI PC 更是台灣資通半導體產業的強項，全球前五大晶片設計公司：高通、輝達、AMD、博通到聯發科的 CEO，都蒞臨 COMDEX SHOW 現場演講，使得這一屆的國際電腦展特別熱鬧。大家積極參與，就是因爲它——AI

個人電腦元年的正式啟動。

包括微軟（Microsoft）、Google、Meta、以及各先進國家科研單位，紛紛加入人工智慧（AI）大戰局，推展各不同語言文化的應用系統，甚至連最早投入網路客製資訊的亞馬遜（Amazon）也推出 AWS 向 ChatGPT 嗆聲叫陣。

然而，走在人工智慧 GPU 前面的 NVIDIA 執行長黃仁勳2023 年 3 月中旬，財報法說會上宣示，要讓 AI 模型遍地開花，幫助各家企業開發出專屬的類 ChatGPT 應用，以期在各種領域推波助瀾生成式 AI 加速。黃仁勳在 NVIDIA 法說會中絕大多數時間，均鎖定 ChatGPT 應用引爆近來關於 AI 新時代的提問。他坦言，3 個月前其在 3QFY23 法說上關於 2023 年的前景看法，如今在短短 60~90 天裡，完全被 ChatGPT 帶動的發展所顛覆，並強調這是一個 AI 應用的轉捩點。

同時，黃仁勳表達在當前 AI 新運算時代潮流下，每一個企業都需要接取 AI 運算、形成 AI 策略，過去企業會生產硬體產品、軟體產品上市服務，但展望未來數十年，企業還將化身成 AI 工廠（AI Factory），在形成 AI 策略後，產出軟性產品（soft goods），取決於各類企業的經營利基、打造專屬AI 模型。不過，目前這類 AI 模型的基礎建設，由單一企業獨力負擔硬體配置、軟體平台、系統整合與推論運算模型的建置，不免曠日廢時且成本過高。有鑑於此，NVIDIA 將推出AI DGX 超級電腦服務，將這套 DGX Cloud 放入雲端，與各

大雲端供應商攜手，讓各界有興趣打造專屬 AI 模型、服務利基客戶的眾家企業接取。

黃仁勳更預告，因應 ChatGPT 風潮、迎接 AI 新運算時代，NVIDIA 更將在 3 月的 GTC 大會中，推出相關新晶片、新平台、新方案，也強調 NVIDIA 的 A100、H100 雖然可說是效能最好的 GPU，但 NVIDIA 不僅僅是賣晶片的。他也強調，AI 新運算時代將在 NVIDIA 推波助瀾下，要讓 AI 模型遍地開花。

在面臨 AI 運算新時代來臨之際，黃仁勳強調加速運算與 AI 是企業解決不斷上升營運成本的關鍵。但在 AI 建模的過程中，文字、影音甚至於圖像的資料訓練一個比一個龐大；運行的頻寬若不足，就會如同太細的水管內卡著一堆排放物一般，速度緩慢。

NVIDIA 此番推出的 AI DGX 超級電腦服務，可說奠基於先前其與甲骨文（Oracle）的策略合作，聚焦在替客戶提供更有效率的 AI 服務，將雲端基礎設施再加值，以利企業進行大規模的 AI 訓練，以及深度學習建模。

AI 生成式對談系統全球聯盟

輝達能在 AI 對談系統第一波應用主導發展，一如本章前述，黃仁勳掌握了五大強項，包括：強大的 GPU 技術、

CUDA 編程生態系統、深度學習框架支持、專用加速器，以及台灣強大的資通產業緊密合作連結。

　　從 OpenAI 與 NVIDIA 在資金、技術、產品的緊密合作看來，輝達已在 AI 對談系統第一波發展，站穩了策略發展地位，未來 10 年內的爆發力無可限量。分析起來，輝達能在 AI 對談系統第一波發展佔據牢牢的地位，是因為黃仁勳的專業、格局與遠見，及早佈下合作夥伴的深厚關係，以及這四項技術：

- 強大的 GPU 技術：NVIDIA 是一家專注於圖形處理器（GPU）的公司，他們在 GPU 技術上具有 20 年深厚的經驗和領先地位。由於 AI 對談系統中的許多功能涉及大規模平行計算和複雜的矩陣運算，輝達 GPU 的平行計算能力和專門的硬件單元（如 Tensor Cores）能夠加速這些功能，提供高性能的計算能力。

- CUDA 編程生態系統：NVIDIA 早在 2010 年代初期就推出了 CUDA（Compute Unified Device Architecture）編程模型和相關工具，方便開發人員充分利用 GPU 的並行計算能力。CUDA 提供了豐富的技術資料庫和工具，使得 AI 算法在 GPU 上的實現和優化變得更加容易，加速了 AI 對談系統的開發過程。

- 深度學習框架支持：NVIDIA 積極支持並優化流行的深度學習框架，如 TensorFlow 和 PyTorch，使開發者可以在 NVIDIA 的 GPU 上高效地運行這些框架。他們提供了用於

台積電制霸全球未來 ▲

深度學習訓練和推理的 GPU 加速庫和工具，提供了更快的模型訓練和推理速度，從而促進了 AI 對談系統的發展。

- 專用加速器：NVIDIA 還推出了專用的加速器晶片，如 NVIDIA Tensor Core 和 NVIDIA T4 GPU 等。這些加速器針對深度學習和 AI 功能進行更深的優化，提供了更高的計算性能和效率，有助於加速 AI 對談系統的訓練和推理過程。

台灣 ICT 廠商是輝達推動 AI 應用最大後盾

外界較陌生是第五項，台灣 ICT 產業是輝達後盾，從產品研發設計到製造測試物流，已練就了一套極其靈活的生產系統，越高階的電子產品，化原型產品成為商品化量產的能力，舉世無雙。黃仁勳與台灣 ICT 產業的淵源如此久遠，當然深深了解台灣 ICT 產業的實力，而且合作方案無數，與台灣 ICT 廠商的關係深厚，清楚手中的 GPU 如何結合這些廠商優勢，讓創新產品很快能量產。他知道台灣 ICT 產業具備的能力包括：產品設計修正效率、生產線的彈性調整、一條龍的品質控制、準時交貨等能力。在 AI 伺服器產品方面，打從 2010 年初，NVIDIA 就與雲達（廣達子公司，專業製造 AI 伺服器）鴻海、技嘉、緯創、Super Micro 合作多年，彼此建立了深切的信任與默契。這種與全球伺服器領導廠商前五名多年的合作關係，對輝達迅速發展 AI 雲端事業，可說是關鍵至

深。從 2023、2024 這兩年 NVIDIA 的 GTC 技術大會，台灣這幾家大廠都紛紛站出來，為自家伺服器系統，採用 NVIDIA 系列 GPU 晶片為核心，讓輝達的 AI 對談系統 GPU 及在 AI PC 與 AI 手機兩大應用領域，市佔率可以迅速擴展，取得領先地位。另方面這幾家台灣背景大廠（Super Micro 創辦人也來自台灣）也因 AI 市場勢頭強大，與輝達的長年策略合作夥伴層次，也迅速擴展他們在 AI 伺服器的產值與市佔率，彼此雙方面看，是「魚幫水，水幫魚」的互惠角色。

蘋果也充分運用台灣 ICT 廠商實力

紐約時報 2012 年時，曾經有一篇深入中國大陸廣東省調查採訪的文章，探討台灣以鴻海為首的電子五哥如何高效率、24 小時的配合蘋果電腦的 iPhone 生產。如今，鴻海 - 富士康科技公司（Foxconn Technology）是全球第一最大的電子產品代工廠（EMS），在台灣、中國、印度、東歐、墨西哥和巴西擁有數十家工廠，組裝的個人電腦、智慧手機、伺服器等電子消費產品，估計佔有世界電子市場消費總量的二至三成，客戶除了最大的蘋果電腦之外，都是亞馬遜（Amazon）、戴爾（Dell）、惠普（Hewlett-Packard）、摩托羅拉（Motorola）、任天堂（Nintendo）、諾基亞（Nokia）、三星（Samsung）和索尼（Sony）之類的品牌大公司。

台灣科技公司長年與輝達合作 AI 專案名單

- Aaeon 研揚
- Acer 宏碁
- Adlink 凌華
- Advantech 研華
- ASE 日月光投控
- ASRock 華擎
- ASUS 華碩
- AVerMedia 圓剛
- Axiomtek 艾訊
- Chenbro 勤誠
- Compal 仁寶
- Coretronic 中光電
- Delta 台達電
- Edom 益登
- EverFocus 慧友
- Foxconn 鴻海
- Giant 巨大
- Gigabyte 技嘉
- GMI 弘憶股
- Inventec 英業達
- InWin 迎廣
- Kenmec 廣運

- KYEC 京元電
- Lanner 立端
- Leadtek 麗臺
- Liteon 光寶科
- MediaTek 聯發科
- MiTAC 神達
- MSI 微星
- Neousys 宸曜
- Nexcom 新漢
- onyx 醫揚
- Pegatron 和碩
- Quanta 廣達
- Solomon 所羅門
- TRI 德律
- Thermaltake 曜越
- TSMC 台積電
- UMC 聯電
- Unimicron 欣興
- Wistron 緯創
- Wiwynn 緯穎
- YUAN 聰泰

文章中舉一個例子：珍妮佛‧瑞格尼（Jennifer Rigoni）擔任蘋果公司全球供需經理至 2010 年，她說：「他們可以在一夜之間雇來三千人。哪家美國工廠能在一夜之間雇來三千人、說服他們住進宿舍呢？」其中一段描述很傳神：「2007年中期，做了一個月的實驗之後，蘋果公司的技師最終拿出了一個完善的辦法，可以把強化玻璃板切割成適合 iPhone 的螢幕。據一名前蘋果公司管理人員所說，夜深人靜的時候，運送首批玻璃螢幕貨車才抵達東莞富士康廠，工廠主管們立刻叫醒了數千名工人，工人手忙腳亂地穿上制服——男生是黑白襯衫，女生是紅色制服——迅速排成有秩序隊伍，開始著手組裝手機。不到三個月，蘋果公司就賣出了 100 萬部iPhone。那之後，富士康又組裝了超過 2 億部 iPhone。」

如果從 2024 年的今天來看，富士康為蘋果組裝的智慧手機 iPhone 系列，16 年來已超過 10 億台以上。然而，從 2010年開始，中國政府刻意培植本土企業的比亞迪、立訊等公司，希望從富士康手中搶下蘋果的訂單，多少年過去了，比亞迪搶不了富士康多少訂單，只好改做電車汽車。

紐時的另一篇報導指出，2017 年蘋果 CEO 庫克為了鞏固大陸一年幾千萬台的 iPhone 市場，跟中國政府簽了秘密協議，要在 5-10 年內，給這幾家中國代工公司數千億美元的訂單。在雙方政策性引導下，比亞迪、立訊等上百家大陸供應商，近年總算逐漸拿到蘋果的 iPad、iwatch 甚至 iPhone 等代工訂

單。立訊還買了台灣電子五哥之一的緯創在中國的廠房，生產總量雖然還差台商電子五哥有段距離，估計到 2024 年代工生產規模只有富士康不到 20% 左右。然而，在蘋果與大陸高層的合約協議下，中國電子代工供應鏈已追趕中，經過 20 年的努力之下，終於有了初步成效。

探討爲什麼在政府當局刻意栽培與庫克的承諾下，歷經多年仍然難以取代台灣 ICT 企業？這是個管理學上極有趣的話題。why ？關鍵就在於一座超大工廠的協同分工管理績效與精密製程是否做到極致的水準。

這不是成本的問題而已

仔細比較中國本土科技公司爭取蘋果訂單過程，爲何生產能力屢屢差台商電子五哥生產管理技術一截的陸商後來能趕上？我們回頭先看看，在美國生產 iPhone 會需要或增加多少成本？具體的數字很難估算精準，不過，根據專家和製造業分析師的估計，由於人力成本對高科技製造業來說微不足道，支付美國標準的薪金會讓每部 iPhone 的成本增加至多 60-100 美元。鑒於蘋果公司從每部手機得到的利潤往往可以達到 400-800 美元，從理論上說，即便在美國生產手機，所增加的直接成本不超出 100 美元，蘋果公司依然可以得到相當不錯的收益。

然而，這樣的分析並沒有什麼意義，原因在於，在美國生產手機的競爭條件並不只是僱用美國人那麼簡單，還意味著要對美國乃至全球經濟進行調整。蘋果管理層認為，美國的電子工廠就是非常缺乏符合品質與效率要求的大量合格工人，也沒有善於管理速度夠快、靈活性夠大的工廠與管理幹部。舉個具體例子，為了滿足新起的市場需求，公司僱用了或說是保留了大約 1 千名美國員工。

　　隨著市場的擴張，康寧公司已經把大部分的強化玻璃生產任務轉到了位於日本和台灣的工廠。

　　文章引述康寧公司副主席兼首席財務官詹姆斯·B·佛若斯（James B. Flaws）說，「我們的客戶來自台灣、韓國、日本和中國大陸。我們固然可以在美國生產玻璃，然後再用船運過去，航程卻長達 35 天。我們也可以改用空運，可空運的費用是海運的 10 倍。既然如此，我們就把玻璃廠開在了那些組裝廠的隔壁，那些組裝廠都在國外。」

　　161 年前，康寧公司美國，時至今日，它的總部依然位於紐約州的北部。理論上說，公司可以把所有的玻璃生產任務放在美國境內。但是，佛若斯先生說，這就「需要對整個行業的結構來一次全面調整。亞洲已經取代了美國在過去 40 年當中的地位。」

　　即使川普當選總統後，強力推動「美國製造」，將美國品牌產品移回美國本土生產，直到他四年後屆滿下台，整個

的蘋果供應鏈還是在亞洲，都沒動。也就是說，沒有任何一家 EMS 大廠，在蘋果的要求下，把工廠移到美國本土。

蘋果電腦大發利市

蘋果公司的亞洲委製業務及銷量膨脹之際，公司高層也大發財。從 2012 財政年度開始，蘋果公司的收入高達 1080 億美元以上，超過密西根、紐澤西和麻薩諸塞三州預算的總和，並且年年高成長。2005 年拆分股份之後，到 2022 年，蘋果的股價已經漲數百倍以上。

台積電與輝達的革命情感

輝達所以有今天，說台積電的張忠謀是黃仁勳創業最重要的貴人之一，一點也不為過。從以下敘述，就知道他們兩人有多深厚的關係：

一．校友與榮譽博士

首先，張忠謀與黃仁勳都是畢業自美國西岸科技產業最大人才搖籃——史丹福大學。其次，他們也是台灣半導體人才培育搖籃——新竹交通大學頒發最高學位——榮譽博士。筆者還記得，雖然，張忠謀較黃仁勳被授予榮譽博士的年次

早了黃仁勳好幾年，交通大學當局很重視也很體貼，在頒發黃仁勳榮譽博士的典禮上，邀請張忠謀在現場致詞與觀禮。

二．創業發展業務的困難相同歷程

台積電與輝達的合作，最遠推朔到 1993 年輝達剛剛創立時期，他就是台積電第一批矽谷晶片委製客戶之一，就這樣，雙方展開了長達 30 年左右的合作。其實，兩家公司成立初期，都面臨過大客戶持懷疑的眼光，看待這後生小子，他們的商業模式跟傳統截然不同；結果呢，後生可畏，兩家公司分別在晶圓製造服務與人工智慧晶片設計領域，走出一大片輝煌的天地。

三．自主發展技術成了全球第一

1999 年，當 IBM 向台積電兜售晶片製造的技術移轉時，張忠謀領導的團隊面臨困難的抉擇。是付權利金，馬上擁有較先進的技術，還是自己搞？討論到最後，他們選擇自主發展技術，15 年後的 2014 年，成了半導體邏輯晶片製造的先驅。輝達也是一樣，長達 15 年集中在非主流產品圖形卡技術方面發展，歷經個人電腦、數位貨幣、電競遊戲產業幾個階段的激烈競爭，不斷力求技術突破；最終，在人工智慧應用來臨的時候，練成一身本事，成了 AI 領導廠商。

從電競時代圖形處理器（GPU）的第一代產品開始投產，

台積電研發生產團隊就與輝達是最親密的合作伙伴，彼此在GPU 系列晶片從 200 奈米到近年的 3 奈米製程技術，後者，輝達應該是蘋果以外第二家先進晶片的投產廠商。

專注做好客戶服務的台積電

台積大同盟朝著筆直的目標前進，協助客戶、聯盟成員、及自身在商業方面取得更大的競爭力。透過開放式創新平台，與客戶協力合作，大步前進；運用 TSMC 的技術，幫客戶創造最大價值。

開放式創新平台是同盟的關鍵功能之一，讓客戶在這無與倫比的設計生態上，具備高效率設計能力而更有競爭力。筆者研判，統計前十大客戶與台積電加總的研發投資，已超過目前市場最大的兩家 IDM 投資。透過這種聯盟關係，台積電與客戶、合作夥伴的協同合作，將是無止盡的，並且是三贏的局面。

自從台積電 1986 年成立以來，有兩個長期戰略定調：

一. 不跟客戶做生意上的競爭，而是成為全球客戶「全方位服務供應商」的角色。

要做到這個目標，首先，它的製造技術必需涵蓋從舊、成熟到最先進的製程技術，因此，它擁有半導體產業最先進

的 7/5/3 奈米製程技術，可用於軍事、航太、智慧手機、人工智慧應用系統等各領域；並且，2 奈米以下技術已經研發數年，未來 3 年也將陸續投入量產階段，保持未來在製程技術的繼續領先。

此外，它擁有汽車、機械、電機、家電產品最需要的40/28/20/16 奈米成熟晶片製造技術與全球最大產能，甚至於100、200 奈米這樣的舊製程技術至今仍有需求，也是它服務各行各業的完整能力的一環。

為了協助客戶，尤其是中小型 IC 設計新創公司更早投入晶片生產行列，它有矽智財聯盟、電子設計自動化聯盟（EDA）、設計中心聯盟、雲端聯盟、價值鏈聚合聯盟、TSMC 3DFabric^{TM} 聯盟，把客戶導入晶片製造可能碰到的學習障礙、先期投資都一一設想周到，提供各種情境解決方案。而導入晶片生產前的模擬與困難，更有台積投資的關聯企業提供協助，不同的 business model 連客戶都想不到的服務，台積電累積近 40 年的功力，不斷的把服務客戶的完整拼圖填滿。

甚至於，客戶對它發展的晶片產品，在全球市場的供需量估測方面，台積電還發展了全球半導體產業動態情報系統，幫助客戶分析其產品在市場技術或競爭的未來發展，可能的需求量，預測投產的訂單如何調整，以免造成庫存。當然，這樣的產業情報系統並非萬靈丹，但對中型規模以下的 IC 經營者來講，他們花不起幾億元的投資建構這樣的資料庫系統；

對台積電的投資而言，不過如九牛一毛，卻可同時服務全球上千家現有及未來潛在的客戶，說它是一個大行銷武器也不為過。

2023 年進入所謂「客製化人工智慧（AI）應用」的時代，相信台積電很快的會將這套系統升級為 AI 客製版，為每家客戶需求提供精確分析、需求預測的系統，宛如幫每家客戶量身訂做一樣。當然，不同的，為了避免餵入大量競爭機密資料被客戶或競爭者拿去打擊對方，或陷台積的客戶於不義，這套系統的應用未來必需更嚴格的限制及保護，跟專利內容一樣的守護。

二.客戶無國化或稱為「客戶全球化」

全世界哪一個國家地區的 IC 設計公司跟它下訂單，只要價格、技術、產能雙方能契合，台積電都一視同仁的對待。在 TSMC 發展的過程中，不乏一開始是中小型 IC 設計公司，可能連貨款都還不能按時付清，台積電仍然信任合作，聯發科、美國的輝達（NVIDIA）皆然。1997 年接任台積財務長（CFO）不久的張孝威在他的回憶錄就提到，他跑到美國去跟黃仁勳要欠延貨款的經過，也因為張忠謀的慧眼識英雄，積極與 NVIDIA 合盟，在後者每一階段的發展過程中，台積提供了最先進的技術、最大的產能支持它，使得輝達在短短的二十年內躍升為全球三大 IC 晶片設計專業公司。不止是

2018-2020 年電競遊戲流行，各地區較大的廠商（Player）都使用 NVIDIA 強大功能的繪圖晶片（GPU）；即使到 2020 興起的元宇宙比特幣挖礦時代，也因為輝達適時的推出高績效的晶片繼續領先業界。

它的競爭對手三星、英特爾或二線晶圓代工廠做不到如此全方位服務功能。它成為台積一個客戶長期合作的服務網，使得即使是中型 IC 設計公司在朝向高成長的過程，更因與 TSMC 提供的服務緊緊相扣，長期合作，多年下來就成為「新創 IC 設計公司共同聯盟圈」這樣的樣態。

另外一個經營特質就是它聚焦在晶圓製造服務業務，不做其他的投資，在 3C（Computer, Communication and Consumer Electronics），這三個領域，數十年來，它承接了數千個專案——從最成熟的製程技術到最先進的奈米技術，成熟晶片的良率接近 99.9% 的極高水準，即使 10 奈米以下先進晶片的良率也都在 95% 以上，是台積核心的競爭力之一。

2.4 全球 Top10 都是台積電客戶

在當今全球公商業運作體系，很少有一家廠商，他的客戶的客戶散佈在各行各業的應用場所，並且，這些客戶與台積電在開發晶片方面建立了長期信任的默契，同時，數百上千個客戶彼此之間，在不同科技產品領域，卻又是強烈的競爭對象。

2024 年的 6 月，根據台積公司公布的 2023 年年報：該公司提供 288 種不同的製程技術，為 528 個客戶生產 11,895 種不同產品。

這是十分複雜又科學化的管理現象。如何維持十幾座晶圓廠、數千個不同應用領域規格的晶片研發、生產方案同時進行，並且，即使現場有數百個客戶專業人員，在台積各個不同廠區協作，卻又彼此不清楚競爭對手或專案的存在。因此，台積電的企業文化之一——員工保密的習慣與嚴謹性，就非常的重要，加上非常邏輯慎密的管理，這點筆者與台積

電資深主管及員工打交道多年，深深感受到他們這方面的身體力行，十分令人欽佩。

我們如果攤開全球排名十大市值的公司，除台積電本身，這兩年一直在第 7-10 名之間遊走以外，Top10：微軟、蘋果、輝達、Neta、Amazon 無一不是台積大客戶，只有阿拉伯石油基金與 LV 集團，非屬科技產業，但他們營運的產品或項目，還是得與科技公司密切合作。其實，往全球市值一百大、一千大、一萬大去一家一家分析，多數產品或服務的核心仍然與晶片相關。隨著 AI 未來 5-10 年的擴散應用，全球中大型企業在「產銷人發財」這五大領域，為了永續發展，為了競爭，只會越來越跟 AI 掛勾，無一例外。

環顧人類工商業近百年的發展，這種充分倚賴一家公司技術的現象，也非常少見。

俗話說：競爭對手的對手，就是朋友；也說：夥伴的競爭對手，也是夥伴。在商場上，這樣「可競可合」的現象非常普遍。

全球科技產業，也常有這樣的事情發生。想當年 1990-2010 年之間，英特爾縱橫個人電腦市場，全球 PC 品牌廠商有七、八成都是買它的中央處理器（CPU），而這一、二十家品牌廠商彼此之間卻又競爭激烈。

同樣的，聯發科在智慧手機剛萌芽時，發展的方向是白牌公板的晶片組，亞洲，尤其是中國大陸手機廠多家大量採

購它的晶片組，作為手機核心晶片，因為這樣的組裝，很快的可以將其自有品牌手機推到市場銷售，這些大量採購聯發科晶片組的廠商，彼此之間就是市場競爭對手。也因這項策略讓聯發科的營業額倍數增長。後來，它改變策略，進入一階手機市場，技術更上層樓；甚至於，在執行長蔡力行堅持下，它花了 3 年龐大研發人力及費用，在 2023 年推出了自己的 AI 晶片，一舉進入一哥的行列。如今，聯發科已是坐五望四，全球十大 IC 設計公司之一（見表 2-3）。

最奇特的現象，就是晶圓製造服務產業這個領域，台積電以全球最大生產規模、獨佔先進晶片技術這兩大特性，居然讓全球個人電腦、智慧手機、AI 領域的各產業領導廠商都向其靠攏，爭相採用它最先進的晶片製造技術，他們彼此之間卻又是激烈的競爭對手。從表 2-1 及 2-2 都可看到，除了台積電本身以外，表列的十幾家赫赫有名的半導體大公司，都是台積的客戶，無一例外。

即使是近年在公開場合，不斷抨擊台積電的立場，企圖影響美國朝野對台積電錯誤觀感的英特爾執行長季辛格，每年還是要到台灣，親自向台積電高層要 5/4/3 奈米製程的產能。英特爾、三星電子營業範疇都有晶圓製造服務這一項，卻因量產技術涉及的能耗、功率、績效等落後台積電太多，在其智慧手機或某些產品的時程上，還得向台積電低頭下單。

這 Top 10 客戶中，近年最受全球矚目的，自然就是位於

美國矽谷的輝達（NVIDIA）。輝達與台積電的關係、它在世界 AI 市場的地位與獨特競爭力，本書前面著墨甚多，此處不再累述。這裡要強調的是，因為 NVIDIA 在 AI 領域技術扎根之深，以及執行長黃仁勳個人帶來的魅力，使得人工智慧的應用發展，自 2023 年以來，超乎各界預期的成長快速。除了大型 LLM 生成式系統，帶動產生十幾億 AI 使用者外，第一波為 AI 晶片設計、生產及 AI 伺服器製造廠商帶來龐大的市場商機，此波全球資料中心（Data Center）及雲端服務商 AI 換機潮，從 2024 到 2026 的 3 年內，估計至少帶來上千億美元的採購額。從工業自動化、物聯網、智慧機器人、智慧家電、電動汽車、生物醫財各大產業，在 AI 應用方面無一不是發展得非常快速，幾乎世界各地每天都有 AI 在語音辨識、影像形成、圖片、文字生成的許多傑出成功範例。

誠如第一章分析，全球資訊通信科技發展數十年，無論是電腦運算速度、大型資料庫建置、電信網路頻寬與速度、個人行動通信工具的普及，記憶晶片龐大容量低成本等等，協助人工智慧在各個應用場域的條件，都已水到渠成！並且，先進國家開發軟體、場域應用的各類科技人才齊備，因此，當輝達為 AI 應用累積十幾年的 GPU 晶片、CUDA 技術應景推出，即能迅速在全球產生非常巨大的爆發力，這是何以在短短的二、三年，AI 市場如此蓬勃發展、快速成長的背景原因。

不管是 AI 硬體的供應端，如 GPU、NPU 晶片、AI 伺服器、網路通信設備、AI PC、AI 手機、AI 平板電腦，或是軟體、App 的開發、各種多模樣態的生成式應用，所有的核心，都圍繞著 AI 先進晶片的及時供應。不論是品質或數量，都要能及時供應這龐大 AI 供應鏈的需求，只要這源頭碰到品質或供應量的不足，馬上會形成全球 AI 應用領域供需失調的風暴。

因此，台積電雖然技術及產能一直在進步，卻絲毫不能鬆懈，今後，面對全球 AI 市場的強勁需求，責任更加重大。

Top10 與台積電

美國高科技相關股票近幾年的漲勢十分驚人，股票市值年年創新高，你可以解釋美股市值跟美國夢、科技夢非常相關，你也可以講它們的漲勢是非理性的。一家公司的市值居然可以高達 2 兆美元以上（微軟、蘋果、輝達），超過全球九成國家的 GDP，也超國全球 98% 以上國家一年的總預算，拿「富可敵國」來形容，只有過之而無不及。

2024 年上半年排名全球十大市值（見表 2-1）公司中的六家，都是台積電的客戶，他們分別是微軟、蘋果、輝達、Alphabet、亞馬遜、Meta。商場有個習慣，做生意，要跟有錢人做，比較做得快、做得大。全球最有錢的六家公司，都是你的客戶，你說這生意能做大否？未來，還有多大發展空間

呢？

再來分析表 2-2「全球 10 大半導體公司」與表 2-3「全球 10 大晶片（IC）設計公司」這兩者的區別，我們常說英特爾與三星電子是「一條龍的半導體供應商」，意思是說，他們這兩家從晶片（IC）的設計、製造到裝配、到成品都全做了。英特爾多年來是做到中央處理器（CPU）為止，再把 CPU 賣給各個 PC、IPACT 品牌商，組裝成系統，對外銷售。三星電子則是連智慧手機、個人電腦、各種 3C 產品都製造並銷售，所以它是徹徹底底的資訊產品一條龍公司。試問你是蘋果電腦公司高層，敢把 iPhone、iPad、麥金泰 PC 委託三星製造嗎？當然不會，因為蘋果是智慧手機的領先廠商，如果把新一代智慧手機晶片委由三星生產，你怎麼知道三星電子的研發部門會不會用「逆向工程」的方法，將晶片中的先進功能透露給三星手機研發的人參考？

同樣的，為什麼 Top10 市值前幾名的微軟、蘋果、Alphabet、亞馬遜、Meta 它們開發出來的 CPU、NPU、GPU 也不敢交給英特爾生產？因為，英特爾自己也研發設計系列的 CPU、GPU、NPU，所以，英特爾也有跟客戶競爭的問題存在！這些把 AI 應用視為公司未來十年業務發展重心的超級大客戶，當然要絕對謹慎，視先進晶片為公司最重要的創新核心資產，在未進入末端市場前，不能讓辛苦投資研發的心血外洩。這就是英特爾拿不到這幾家大客戶 AI 相關處理器晶

片訂單的原因。另一項關鍵因素則是英特爾從 7 奈米製程技術開始，就一路落後台積電二、三代，雖然，三不五時執行長季辛格說他們超前開發出先進晶片，可是從 7/5/3 奈米到 2 奈米晶片製程，「只聽樓梯響，不見人下來」，7/5/3 奈米競爭核心中的晶片性能、能耗、功效，卻遠遠不及台積電。最後，連它自己最新開發的 CPU、NPU 還是要委託台積電幫他生產，這樣的製造競爭力，不言而喻……

至於表 2-3 的 Top 10 大 IC 設計公司就更有意思了，這十家涵蓋了美國（5 家）、台灣（3 家）、中國（2 家）。他們剛好依序排全球前 3 名的國家地區。在先進晶片製造這個領域（10 奈米以下），幾乎百分之百都是台積電的主要客戶，也就是說，不管是在 AI 應用場域、或智慧手機、自駕汽車，他們協助全球各個產業的老大、新創公司設計用於該產業成品的晶片，「萬眾一心」，還是會以台積電為晶片投產的第一優先合作對象，不僅僅是因為台積電上述製程技術領先，它還有一項這些專業 IC 設計公司非常倚賴的能力——龐大先進晶片產能。根據筆者參考台積前十大客戶的需求與側面了解，台積電 2025 年底以前，3 奈米晶圓製造產能將會增到接近 50 萬片 / 月，7/5 奈米也在 40-60 萬片 / 月之間，而第一座 2 奈米晶圓廠將在 2025 年投產，估計到 2027 年，若過程平順，第二座廠 2 奈米廠也加入營運的話，有機會在 3 年內擴大到 10-15 萬片 / 月的產能。

筆者在第一章已詳細說明，先進晶片 2027 年將進入全球半導體公司、晶片設計公司、各產業領導廠商 AI 晶片產品需求的高峰期，即使台積電超前佈署，每年繼續投資 200-300 億美元建新廠及擴廠，將 5/3/2 奈米製程晶圓廠的產能發揮到最大能量，仍可能供不應求，屆時，Top 10 市值公司、半導體、晶片設計三個領域的這些大企業，以及像汽車產業中的豐田、特斯拉、比亞迪等，都會竭盡全力、用各種管道向台積電施壓力、搶產能，未來十年，TSMC 先進晶片的供應，一舉一動都將受到全球關注，所有注入 AI 元素的產品或服務莫不受到其供貨是否暢順的影響，隨著 AI 應用的普及，台積電影響經濟科技產業運行的比重將逐漸加大。世界工業化近兩百年來，很少看到一家企業對全球經濟的發展如此重大。

表 2-1　全球前十大市值公司排行（**2024** 年上半年）

1	微軟	6	亞馬遜
2	蘋果	7	Meta
3	沙烏地阿拉伯國家石油公司	8	波克夏
4	輝達	9	禮來
5	Alphabet	10	台積電

表 2-2　2023 年全球半導體營收排名

排名	企業	營收 （億美元）	排名	企業	營收 （億美元）
1	英特爾	514	6	SK 海力士	239,2
2	輝達	495.7	7	超微	226.1
3	三星電子	483	8	英飛凌	173.8
4	高通	304.8	9	意法	172.6
5	博通	279.9	10	德州儀器	166.7

註：台積電 2023 年營業額為 693 億美元，為全球半導體公司之首。不過一般市調
　　是以有產品的公司為統計對象，因此台積電未列入排行。
資料來源：https://www.bnext.com.tw/article/78263/top-ten-semiconductor-company-2023

表 2-3　2023 年全球前十大 IC 設計公司營收排名

（單位：百萬美元）

2023 年 排名	2022 年 排名	業者	營收表現			市佔率	
			2023	2022	YoY	2023	2022
1	2	輝達（NVIDIA）	55,268	27,014	105%	33%	18%
2	2	高通（Qualcomm）	30,913	36,722	-16%	18%	24%
3	3	博通（Broadcom）	28,445	26,640	7%	17%	18%
4	4	超微（AMD）	22,680	23,601	-4%	14%	16%
5	5	聯發科（MediaTek）	13,888	18,421	-25%	8%	12%
6	6	邁威爾（Marvell）	5,505	5,895	-7%	3%	4%
7	7	聯詠（Novatek）	3,544	3,708	-4%	2%	2%
8	7	瑞昱（Realtek）	3,708	3,753	-19%	2%	2%
9	9	上海韋爾半導體 （Will Semiconductor）	2,525	2,462	3%	2%	2%
10	-	芯源系統（MPS）	1,821	1,754	4%	1%	-
-	10	思睿邏輯 （Cirrus Logic）	1,790	2,015	-11%	-	1%
前十大業者營收合計			167,642	150,231	12%	100%	100%

註：
1. 此排名僅統計公開財報之前十大廠商。
2. Qualcomm 僅計算 QCT 部門營收；NVIDIA 扣除 OEM/IP 營收；Broadcom 僅計
　算半導體部門營收；上海韋爾半導體僅計算半導體設計及銷售營收。
Source: Trendforce, May, 2024

第三章

台日聯盟共存共榮

太陽再次升起……加油！日本半導體！

　　——木本次生（1996 日本半導體日美協議團團長）

天神要降臨了！

　　——大鹿靖明（日積電 JASM 朝日新聞編輯委員）

日本產業史上對單一外資企業補貼最高金額

　　——甘利明（日本晶片沙皇眾議員）

　　（資料來源：天下雜誌 739 期）

　　這三句話，說明了日本政治、企業、媒體三個領域的代
表人物，對台積電赴日本熊本設立第一座晶圓製造廠，所抒
發的感受，可見它宛如一顆半導體產業的巨星，降臨日本。

　　本章接下來將會詳細描述台積電對日本產業經濟帶來的
重要性。

3.1 台日聯盟將成全球典範

2024 年 2 月 24 日台積電熊本廠完工，聲勢浩大的舉行啟用典禮，包括經產省大臣齋藤健、Sony 集團社長吉田憲一郎、豐田汽車社長豐田章男、日本半導體會長甘利明都到齊了，岸田首相還特別視訊致詞。當然，這天的主角之一台積電更是從創辦人張忠謀（包機專程參加）、董事長劉德音、總裁魏哲家三巨頭一齊出現，還被禮遇的安排站在整排十幾位重量級貴賓的正中央，這樣的典禮氣勢，近數十年的日本產業界也相當罕見。這家名為「JASM」的合資公司，未來，到底會為日本工商業界帶來什麼樣的轉變？大多數日本人大概都不知道，其實，它被部分日本有智之士形容為「百年難得一遇」的機會，是有它的道理的，因為它具備了三大要素：

台積電制霸全球未來

經產省的政策與努力

日本政府主導經濟產業的經產省（以前稱通產省），二戰後與產業間，透過產業振興協會的緊密合作，將鋼鐵、家電、汽車、化工、造船、機械等主力工業，一項一項的扶持、振興起來，後來都成了具備高度競爭力傲視全球的產業。經產省的官員們可說是全球政府扶植產業的典範。

在引進台積電到日本來設廠，就是經產省的一項成果，早在 2019 年，經產省主其事的官員們，徵詢各產業領袖及調查分析後，得到結論：要想維持日本工業的長期發展，必須把影響主要產業關鍵核心元件——晶片的生產供應牢牢抓住，而全球能生產全系列晶片——從最成熟的 100/80 奈米晶片，到 40/28/20 奈米，到最先進的 7/5/3 奈米晶片，全世界只有一家廠商擁有這樣一條龍供應鏈的能力，那就是 TSMC。因此找到這個結論後，經產省從 2019 年開始就與台積電接觸，表達希望對方到日本來設廠的意願，這中間補貼 JASM 設廠的金額，不斷的往上加碼，一直到第一廠的一千億台幣（約五千億日圓）。

這樣的金額，對台積高層來說，具備吸引力，更何況到日本設廠有多項的邊際利益（見後述），於是，台積電高層趁 2021 年元月 Sony 社長吉田憲一郎會同半導體事業部執行長來訪，洽談未來全年度感測晶片產能分配的機會，提出了

這項合資合作的計畫，並希望 Sony 提供其在熊本設廠的諸多
經驗。就這樣雙方一拍即合，順利展開了台積電在日本第一
座晶圓廠的規劃建置計畫，也因為找到了 Sony 這樣的好夥伴。
台積電熊本第一座工廠，過程非常的順利，在 2024 年底就可
以進入生產階段。

　　為什麼說它是百年難得的機會？那是有原因的，因為
JASM 一、二廠從 40 奈米、22/28 奈米、12/16 奈米到 6/7 奈
米製程，分別在未來三年陸續完工，順利進入營運階段。雙
方培養了信心、默契情況下，筆者認為三、四廠將會在日本
官產界迫切盼望下，可能陸續規劃，擴大興建 5/3 奈米製程。
這一系列製程晶片，將涵蓋了日本現在最具競爭力的產業需
要，以及未來長期的發展，無論是自駕汽車、工業自動化、
智慧機器人、智慧家電、物聯網、生物晶片、太空軍事等影
響日本發展的這幾大領域。因為 JASM 設在日本，使得關鍵
元件——核心晶片的供應無虞，而讓他們繼續佔有領先的地
位，並且很可能因為與台積電研發、製程的緊密結合，而更
加發揚光大，成為全球舉足輕重的半導體晶片供應中心，帶
動日本下一波經濟的發展。

　　這一切的開始，就是因為催生了 JASM 這家合資公司。
台日雙方這項影響甚遠的合作，必須從 2019 年，日本負責經
濟擘劃大計的經產省，一封向台積電高層招手的邀請函談起。

　　在這次 JASM 啟用典禮上，張忠謀主動提到了經產省的

這項邀約行動，這項重要合作任務的規劃，順理成章就交給了2018年6月接任的總裁魏哲家及董事長劉德音兩人的手上。在這之前，經產省的官員其實已作足了功課，知道台積電成熟晶片製造良率高達99.9%，產能品質都是技冠全球，7/5/3奈米製程技術領先同業2-3世代，半導體產業的老大英特爾、三星電子都難以跟它競爭。既然TSMC掌握了日本未來幾大產業持續發展的關鍵元素——精密核心晶片，那麼，一定要把這家先導廠商（Pionner）拉進日本，讓TSMC與日本的產業、半導體材料、設備作近距離、高效率、緊密的合作。以日本在半導體產業材料及設備的關鍵地位，將可帶動整體半導體產業的綜效，對於上述消費端產品的產業發展助益太重要了！

就在這樣的思維下，經產省不斷的與TSMC高層保持接觸，並提出了高金額設廠補助的優惠政策，劉德音、魏哲家也在內部也成立了專案小組對應，不斷評估這其中的利弊，權衡其中成敗的關鍵因素，發覺就是要找到能夠造成雙贏的重要夥伴。到了2021年1月，台積高層覺得時機成熟，趁著Sony社長吉田憲一郎來訪，談採購合作的時機上，總裁魏哲家便順勢提出了合作生產的計劃。對吉田憲一郎不啻是相當震撼又有創見的建議，在這種最高階的「社長」對「社長」的高效率溝通下，又有日本政府掛牌的保證，雙方的接觸就非常的順利。幾個月後，也就是2021年5月，TSMC就已經把合資公司的

架構敲定，除了 Sony 外，還把豐田子公司日本電裝也拉入成為合資企業，母公司豐田在日本電裝投資後也跟著投資。最有智慧的一招是，合資公司 JASM 的社長更在台積高層建議下，由曾任 Sony 半導體九州的高階主管崛田祐一來擔任，這不僅代表台積電的推心置腹，也代表日方夥伴 Sony 未來的主導性，對於日本政府及產業界都是極為親善雙贏的象徵。

眾所皆知，JASM 的背後，是日本政府龐大的補助津貼，一、二廠總共給了將近八十五億美元（2500 億台幣）補貼，應該是二戰以來，數十年之間，日本政府對單一外國企業最大的「投資」。為什麼日本政府願意投下重資？各界專家看法並不盡然，但是光從上述幾大產業未來 10-20 年的發展，充分需要倚賴關鍵元件——晶片的整體效益來看，日本政府這項投資非常重要，往後對日本主要產業帶來的效益十分巨大。

日本是全球晶圓製造供應鏈重地

下列圖表顯示，日本半導體產業供應鏈涵蓋了晶圓廠所需的上中下游供應能力。雖然日本記憶體半導體產業，三十年前被美國用關稅及匯率打趴而一蹶不振，然而它在半導體材料、設備供應鏈方面，卻因一群極優秀的廠商不斷投入研發、生產高品質的產品，因此，仍保有全球名列前茅的競爭力地位。雖然這群廠商無法「產出精密晶片」，但因為作為

台積電—— JASM 的上、中游供應鏈，卻是台積電生產出高品質良率，領先全球的重要支柱，沒有他們的努力與存在，台積電在順利生產各級晶片方面的績效將大打折扣。反之，因為熊本 JASM 工廠的陸續建置，不斷擴大，讓這樣的上中下游關係，從研發階段開始，就進行緊密的合作。台日同文（漢字）同思（儒家思想）的背景，將使兩邊未來發揮數以倍增的產業競爭力。

從表 3.1 可以看出來日本半導體產業中上游及製程異氣體材料製程需要的關鍵組件半導體製造設備幾乎佔據全球大半江山：

　　1.半導體材料

　　2.製程關鍵組件

　　3.半導體設備

這些日本半導體供應鏈的要角，無一不跟晶片製造發生密切的關係，晶片技術越精進，上游材料與設備的品質，就越需精密。以光刻機龍頭荷蘭的艾司摩爾為例，近年來它新一代的光刻機都是與台積電緊密合作，無論是耗能（電力消耗）、效率、冷卻，都同步研發。台積電優秀工程師群甚至還有另一項本事，就是能把 20 奈米級的 DUV 做到 16 奈米級，把 7 奈米級 EUV 修調到 5、6 奈米的水準，這其間的參數、公差度的變化，成為台積電的訣竅（Knowhow），艾司摩爾的研發工程師也無從知悉。

表 3-1　日本半導體供應鏈

產品主力	供應廠商	市佔率
一 . 液氣體 & 材料		
1. 鹽酸	三菱化學、關東化學	50-60%
2. 過氧化氫	三菱化學、三德化學	60-65%
3. 高純度氟化氫	森田化學、昭和電工、stella	80-85%
4.IPA 異丙醇	德山化學、關東化學	55-60%
5.ABF 增層膜	味之素	90-99%
6. 研磨材料	Fujimi、InCorp	75-80%
7. 光阻劑	JSR、信越化學、東京應化、富士	70-80%
8.CMP 研磨漿料	昭和電工、富士	70-80%
二 . 關鍵元件		
1.ABF 載板	揖斐電	15-20%
2. 矽晶圓	信越半導體、勝高	50-60%
3.EUV 光罩載板	HOYA	70-75%
三 . 半導體設備		
1. 塗布顯影機　蝕刻機	東京威力科創	75-85%
2. 機器人（手臂）	平田機工、日立	50%
3. 切割機、研磨機	迪思科（Disco）	70-80%
4. 光罩	大日本印刷、凸板印刷	50-60%
5. 光刻機	佳能、尼康	35-40%
6. 清洗機	迪思科	60-70%
7. 擴散爐	東京威力科創、國際電氣	80-90%
8.CVD& 氧化擴散設備	Kokusai	40-45%
9. 半導體清洗設備	迪恩士	50-60%
10. 晶圓檢查及蝕刻設備	日立先端	5-10%
11. 晶圓測試設備	愛德萬測試	50-60%
12. 光罩基財（EUV）	日本 HOYA	30-40%

台積電制霸全球未來 ▲

因此，台積電的先進工廠設在熊本，那麼在地工程師訓練一定程度後，就先培養出機台的運作與調整，未來，在台積電派來支援的資深工程師帶領下，又漸漸學會製程複雜的各種變化心法，從而逐漸習得各種晶片研製武藝，團隊協力合作讓製程良率達到趨近於 99.9% 的驚人水準。以筆者的了解，全球先進國家工程師的特質中，日本、韓國、中國可以說是與台灣工程師最接近的幾個地區。然而，中國因黨指揮一切，國企優於民企，發展受到限制。韓國是大財團制度，能進入三星、海力士的工程師素質都很高，重賞之下也很有拼勁；但企業文化不夠透明與制度化，一條龍的晶片經營策略跟客戶產生競爭，事業部門之間目標並不一致。相對的，日本工程師沒有這些包袱與限制，勤奮、專業又認真，如果JASM 領導階層能賦予信任，薪資又有競爭力，那麼未來幾年，每一奈米層級的製造上，培養在地工程師團隊生產功力接近台灣本廠的品質與良率水準。

　　台積電與日本半導體材料、設備供應鏈的互補關係是屬於 1 加 1 大於 2 的倍數效益，日本經濟趨勢分析著名學者渡邊哲也明白的指出，半導體生產原料氟化氫只有日本廠商有能力生產，高品質矽也都是日本製。台積電與日本的合作是「相當理想的關係」，他說：比較台、韓兩地，台灣人守信用，韓國人不守信用。這種守信用的誠信關係是作為上下游供應鏈強有力結合的基礎。

半導體供應鏈的實力

東京市郊的「筑波科學城」聚集了 240 個研發機構，佔地最大、最醒目的機構就是「AIST」——產業技術綜合研究所，它是國家級的研發機構，上級單位就是經濟產業省（經產省），研發人員三千人左右。台積電在這裡與 AIST 合作的名稱叫「台積電日本 3DIC 研發中心」，台積電領先全球競爭同業的 3D 堆疊封裝技術，對日本半導體產研人士來說，無疑的突破摩爾定律（參見筆者 2021 年 9 月出版的《台積電為什麼神？》書內容有詳述）的先進封裝簡直像神一般，如今這麼先進的技術能進駐日本筑波，在這項基礎上，再發展更先進的封裝相關技術，一流人才都願意加入。

吸引台積跟 AIST 合作的前提，就是日本基板大廠揖斐電（Ibiden），早在 2021 年台積電宣布在日本成立「台積電日本 3DIC 研發中心」，總經費 370 億日圓，經產省就補助一半，經產省的一位官員就向日經新聞相關人士表示，如果沒有揖斐電，就沒法吸引到台積電。要知道，2024 年配合 AIGPU、NPU 的高規格需求，台積的 CoWoS 產能適時的放大因應，隨著 AI 走到客戶端的配備（AIPC）將來的 GPU、NPU 算力功能、運作效率等要求將更高。那麼封裝堆疊的下一代的技術在哪裡？揖斐電的夥伴關係更形重要。

由此可見，日本半導體設備、材料供應商在台積電整體

供應鏈上，佔據非常重要的地位。

　　這種研發合作，如果帶進台積電獨特的「開發文化」，亦即將業務、生產、品保等單位在研發初期就形成合作團隊，如此，研發既有成效又有效率，更能貼近晶圓製造的核心競爭力──量產良率，那麼，未來台積與日本半導體材料、設備的合作關係將越前一大步。「強強聯手」更加深雙方在精密晶片的完整實力，是台日半導體聯盟更擴大的效應。

3.2 日本主力產業發展繫於台積電

　　筆者深入了解，半導體核心技術中，CPU、GPU、NPU等處理器的研發設計，美國是強項，日本大企業沒有此卓越設計能力。在記憶體 IC 方面，雖然中國大陸傾力追趕已有成效，韓國的三星、海力士人才濟濟、十幾年來投資設廠的總資產都在三、四千億美元以上，早已將日本遠遠的拋在後面，記憶 IC 這一塊十年內都很難與之抗衡競爭。邏輯 IC 的製造方面，台灣領先全球，只憑熊本台積電的一、二或未來的三、四廠在 3、5 年內陸續完成營運，論規模、良率、成本、工程師實力，十年內仍然沒得比。日本政府面對這樣的現狀，當然要做改變，從那一點切入呢？

政府決策領導產業

　　正如前述，台積電在日本設廠，始自 2019 年日本經產省

就開始跟台積電方面接觸，後來，2021 年 Sony 社長來，開始談合作。筆者的觀察是：日本為什麼這麼積極？我從跑新聞的時候就知道，日本經產省（那時候叫通產省），他們分析問題是很透徹的，但緩慢；然而當一旦看透問題的時候，他們就會很積極地做，所以他們是用政府政策來領導產業。他們看到全世界除了跟 TSMC 合作以外，找不到更好的合作者，所以他要花那麼多錢補貼也要把它弄起來。目的是什麼？很多人都說他振興半導體產業，我的看法則是：日本政府要讓現有幾個主力產業維持高度競爭力，譬如：汽車產業、家電產業、智慧家電、機器人自動化、工業自動化，這些主力產業不能因為將來沒有晶片，而走下坡。

劉德音對此的看法是——兩個都有。主要的原因還是跟中國有關係。美中關係開始產生變化的時候，日本也無法置之事外，他們或許會認為，未來在中國生產可能不再是主要考量。

劉德音說明，日本設廠不見得比美國容易，因為日本文化看似跟台灣很類似，其實很多還是不一樣的。

日本還是有很強的半導體供應鏈，劉德音認為，日本的研究是很厲害，非常強的。

筆者也向劉德音提問台積電是不是也看到在海外設廠後，跟美國、跟日本最一流的所有的大學、研究機構，進行高階技術研發合作的機會。對此，劉德音表示贊同，他提到，去

日本熊本參加 JASM 啟用典禮的次日，就去拜訪了日本國家研究中心——理化研究所。他們國家級的研究所設在東京，在 AI、量子電腦等先進研究都不得了。台積電跟日本從 2018 年就開始與東京大學締結研發合作方案，然後建立設計中心，建立 3DIC 封裝的研究，後來興建了熊本廠，現在也正在跟更多的大學展開合作。

筆者以為，日本政府主導產業的官員與多數企業領導人，對於全球科技的發展迅速，尤其精密晶片與人工智慧兩大產業驅動力，日本產業相對落後不少，因此存在危機感，不尋求策略突破，日本工業未來發展岌岌可危。趁此機會抓緊與 TSMC 的緊密合作，配合 AI 應用的來臨，才能提高日本在汽車、家電、工業自動化（機器人）、生物醫療、精密電子等產業的競爭力，繼續領先。因為 JASM 的創立，讓 AI ＋半導體先進晶片＋專業應用，這樣的一條龍模式擴大，使得日本這幾大產業繼續保有競爭力與獨特性。接著將分析對日本產業的深入影響。

日本熊本電視台 KKT 的報導指出，第一、二工廠完成開始營運後，它可供應從 6/7 奈米到 22/28 奈米各階的晶片，這些晶片的功能能充分提供日本下一代產業——智慧機器人、智慧智造（工業自動化）、智慧家電、電動汽車及傳統汽車智慧化四大產業未來關鍵組件的需要。這恐怕是日本政府及幾大國際商社真正的核心目的（這四大產業產品或系統核心，

都要用到各種功能的感測晶片，是 Sony 的主力所在）。

這個模式的成功關鍵之一就是位於熊本的台積電廠提供了日本包含電動車、機器人、精密組件材料、智慧家電、智慧製造的緊密研發潛能、大量晶片供應這兩個動能。以筆者所知，日本一流大學產學合作的效能歷史由來已久，日本新創企業近 5 年又大量崛起，創新設計所需要的 Pilot Run（實驗室生產）由台積電與日本研究單位合作執行。當然，台積電、日本政府與數家大企業三方面的合作，將強力帶動許多不同面向 AI 晶片應用的應用，對日本積極推動的上述幾個產業重要性自然不言而喻。因此，如果有幾座台積電的成熟製程工廠近在熊本，那麼對以上幾個日本主力產業而言，象徵著他們可以密切合作，在晶片設計研發初期就能組成團隊進行，如此，可以大為減少不必要的延擱、分歧，促使產品研發效率提高，成本作更佳的管控。

這樣的模式會成功的另一個關鍵因素就是日本擁有一大群理工背景、有專業智識、重視紀律又肯學習的工程師群；只要台積電派赴日本的數百位工程師多多經驗分享、技術交流，那麼這群工程師將是台積電台灣本土以外，最具潛力的精密晶片製造工程師群。俗話說：「事半功倍」，依筆者長期對美日企業的觀察，日本廠未來的發展，對台積電將是海外重要產能輔助及彈性調配的重鎮。

台灣電子五哥之一的和碩科技公司創辦人兼董事長童子

賢，2024 年 2 月 21 日對外表示，日本社會具備勤奮、敬業的職人精神，對講究高度精密的半導體產業，日本相對台積電而言，會是一個較好的選擇。他也分析，台灣與日本除了產業競爭外，還有高達七成是上下游的互補關係，許多高精度的化學材料，只有在日本福島、九州的業者有能力生產，南韓做不出來，台灣也做不出來。這些日本的優異條件，都是台積電海外廠會賺錢的支柱。

根據筆者與台積電相關主管接觸，從成本角度來看，海外晶圓廠的起始成本高於台積電在台灣的晶圓廠，原因是：1）晶圓廠規模較小，2）整體供應鏈的成本較高，3）與台灣成熟的半導體生態系相比，海外的半導體生態系尚處於早期階段。

所以，台積電的責任是管理及最小化成本差距，及最大化股東回報，其定價也將維持策略性以反映公司的價值，其中包含了在地域上的靈活性價值。此外，亦將與各地政府密切合作，以取得他們的支持。

同時，台積電將利用製造技術領先、大量生產、規模經濟等基本競爭優勢，持續降低成本。透過採取這些行動，台積電將有能力吸收海外晶圓廠較高的成本，並仍然可達到長期毛利率 53% 以上，且可持續的股東權益報酬率高於 25%。

筆者 2024 年 2 月底，跟著台積電供應鏈台日友好訪問團，到熊本親自考察，接觸各界，包括熊本縣政府、產業局、日

本最大的三井不動產、台灣至熊本設立公司的廠商等各界。幾天下來,看到的,不只是台積電的台灣供應鏈廠商不絕於耳的到熊本地區拜訪,買辦公室設分公司,為自己或員工置產長期居留的更多;此外,台商也計畫以打群架的方式,大家一起買塊較大的農地,再申請轉為工業用地,設立廠區辦公室,利人又利己。至於提供台積電及台商各種生活所需的「台灣村」,更以全日本第一個台灣餐飲及生活供應的集中方式,將在 2025 年以前,在熊本距離台積電工廠 15 分鐘車距的地方出現。

日本企業方面,讓人驚訝的是包括不動產業、旅館業、旅遊業、餐飲業、法律諮詢業、人力仲介、學術界等四面八方人士也紛紛蜂擁而至,把熊本地區炒得十分火熱,計程車司機都抱怨最近一年以來經常堵車。筆者參與的一場三井不動產專業人士的說明,日本中央政府補助熊本地方政府,也在市郊外圍通往熊本機場的方向,規劃蓋一條快速道路,及早為台積電晶片空運晶片至日本各地作準備,也可緩解未來熊本城與台積電所在半導體產業園區的交通。至於筆者到熊本最大的百貨公司鶴屋百貨逛時,還看到台灣美食展正熱烈展出中,即使是周四的上午十點多,已見到人潮洶湧,熱烈試吃、採購。這恐怕也是日本百貨業數十年來難得一見的現象,一家外來的半導體公司在二線城市熊本的設立,居然會「掀起千堆雪」產生如此巨大的反應,許多人都出乎意料之

外。

　　為什麼台積電會帶來這麼大的效應？從投資金額看，截至 2024 年第一季已宣布的一、二兩廠，總投資額就超過 200 億美元，相當於 3 兆日圓，是一般中型工廠的數百倍，等同設立一座數百家中型工廠進駐的工業區。雖然直接聘雇的當地員工兩個廠加起來也不過七、八千人，可是加上台灣派駐的數百位工程師，協力廠商進駐熊本地區至少上百家以上，每家平均 10 位員工，也將增加數千人住進這個地區。目前光是建廠中從日本國內外來訪的人已絡繹不絕，到兩廠正式營運，業務、採購人員每天到訪的人數也在數百人之眾。隨著基地的建立，台積電在日本茨城縣筑波市的研發中心，都有助於招進日本一流大學研發人才（據筆者了解光是東京大學博士生已有多位應聘至該研發中心），這種與一流大學的產學合作，就地利用當地的設施進行合作，將加速產學研發合作的效率與有效性。

　　因此，台積電未來在熊本的「勢頭」雖不至於用車水馬龍來形容，帶來市面熱絡的巨大效益已可預期。

台積電日本設廠五大現象

　　由此可見，台積電在九州熊本地區的發展，帶來的趨勢，並不是一家企業進駐創造數千名理工人才就業機會，這麼單

純的效益而已。如同筆者在第一本書《台積電為什麼神？》內詳述的「台積電現象」，也發生在熊本：

為熊本地區房地產（含農地改建）產生巨大增值

根據筆者的觀察，除了台灣供應鏈未來五年會有一至兩百家多達數千位短期及長期員工進駐到熊本地區外，日本的房地產界、旅館業、法律服務、短期半導體進修教育等各機構也紛紛插旗設立分據點，這些都會帶動熊本地區的房地產需求與增值。

日本及台灣供應鏈帶來的另一波就業與創業潮

如同前述，台灣台積電供應商已在近年紛紛到熊本及九州地區設立公司據點。根據媒體的報導，不少供應商原先設定美國亞歷桑那台積電廠作為重點投資對象，也因為美國當地法規不同、工會干擾及物價高等因素，使得他們放慢或縮小在該地的投資，而將資源轉到熊本。這對熊本地區的建設更是有利，但是總的來講赴美的供應鏈廠商目前還是居多。

台積電工廠本身是資金技術最密集的領導廠商，如同本章前述分析，它將影響日本重要產業現在與未來的發展，因此這些產業中大型企業，未來各種含金量（AI 技術）高的新產品，在晶片設計公司牽引下，必然要跟具備十八般武藝的台積電資深工程師接觸，取得市場先機。因此未來 JASM 的

大門，來自日本各個領域新創公司或大商社研發設計業務人員，將如同車水馬龍般地拜訪該公司，尤其會帶動日本 IC 設計產業的創業潮，為什麼？只因為它是全世界最先進，並且是唯一擁有精密製程的製造者，只有跟他合作，才可能將獨具功能的設計晶片搶先商業化，並具備成本與品質的優勢。

如同台灣的聯電、台積電在短短的 30 年當中，為新竹地區創造了大大小小上千家 IC 設計公司一般，道理何在？只因為它是全世界最先進，並且是唯一擁有精密製程的製造者，只有跟他合作，才可能將獨具功能的設計晶片搶先商業化，並具備成本與品質的優勢。所以可預見的，日本 IC 設計產業今後十年將會突飛猛進。

餐飲、旅館、生活服務等周邊產業的聚集，創造地方繁榮

台灣只要台積電設廠的附近，高品質的餐飲業旅館業甚至美容、托嬰、幼教等機構，紛紛設立；而且，因為台積電員工的人數眾多及高薪，自然帶動高消費，未來熊本地區的許多行業也會因共生而共榮。

菁英人才虹吸效應

以往，日本本國地區優秀大學如東京大學、早稻田、京都大學、大阪大學等理工系畢業學生畢業後，大都在大東京地區找工作就業，很少到算是偏遠地區的九州來；然而，根

據台積電內部分析，熊本一二廠已有不少這幾家優秀大學的研究所畢業人才來報到，原因無他，第一是薪資高、第二是可以學習到最先進的半導體專業知識。

吸引日本主要產業的在地合作

台積電工廠本身是資金技術最密集的領導廠商，如同本章前述分析，它將影響日本重要產業現在與未來的發展。JASM 所以設廠熊本，它的主要投資及合作夥伴 Sony 感測元件工廠就在這裡，有鑑於日本汽車、精密電子、家電、工業自動化、機器人、物聯網等各產業中大型企業，未來都會有各種不同功能精密 IC 的設計，植入產品中，為了取得市場先機。因此，必須充分了解台積電晶圓製程技術與產能，產品設計之初，就要與 JASM 合作這種接觸與行動將形成熊本成為半導體產業的一股風潮。

3.3 台積電日本設廠振興日本半導體產業

引進台積電到日本設廠是爲了振興日本半導體產業嗎？

參考天下雜誌「全球半導體廠營收排名變化」，32 年來，日本半導體企業在全球的排名，起了顛覆性的變化。

表 3.3　全球半導體廠營收排名變化

1991 年	排名	2023 年
（日）NEC	1	台積電（台）
（日）東芝	2	英特爾（美）
（美）英特爾	3	輝達（美）
（美）摩托羅拉	4	三星（韓）
（日）日立	5	高通（美）
（美）德州儀器	6	博通（美）
（日）富士通	7	SK 海力士（韓）
（日）三菱	8	超微（美）
（日）松下電器	9	英飛凌（美）
（荷）飛利浦	10	意法（瑞士）

然而不要忘了，1991 年時台積電連影子都沒有，為什麼？因為張忠謀開創了半導體產業的新商業模式（Business Model），可說是「前無古人，後無來者」。當時台積電創立營運才進入第 5 年，規模還小，後來聯電、格羅方德等企業加入晶圓代工產業，也都是隔了多年以後的事。美國這些產業分析機構當時所作的排名，還是以記憶體 IC 作為營收統計標準，因此，日本進入前十大的六家企業，都是從事記憶 IC 的設計、製造。

　　到了 2010 年，日企都從記憶 IC 產業退出，取而代之的是南韓的三星與海力士兩家記憶 IC 大廠，兩家韓廠也風光了二十幾年。2020 年起，開始嘗到了當年日本六大廠商的苦果，面臨中國大陸在政府補貼政策下，十數家記憶體 IC 廠商崛起，產能不斷擴充，低價傾銷的嚴重威脅，三星電子甚至於在 2023 年繳出了數十年來，第一次龐大虧損的營運成績單。眾所皆知，中國大陸記憶 IC 產業，近十年，在國家數千億人民幣巨額補貼下，已站穩腳跟，未來 5-10 年，恐怕是南韓這兩家大廠面臨激烈價格競爭威脅。

合資夥伴與 JASM 的唇齒相依

　　翻開日本產業發展歷史，就會知道，九州地區原本就是日本半導體產業的重鎮，前面談到 1990 年代，幾家記憶體 IC

市場老大非常風光，2000 年後被南韓的三星電子、現代取代。然而，數十年下來，在許多半導體設備、元件、材料仍然保持領導地位（見表 3.1）其中 Sony 感測元件最大製造基地就是設在熊本地區，作為 JASM 主要投資者及採購者兩種角色，將來會是 JASM 的最緊密的合作夥伴。其實大家不知道的是台積電之所以在熊本設廠，打從一開始，就是台積電總裁魏哲家與 Sony 社長吉田憲一郎協商下的結果，Sony 在台積設廠的過程扮演了非常關鍵的角色。

台積電與 Sony、豐田及電裝合資的 JASM 公司在 2024 年 2 月啟用以來，出盡了風頭，不只台灣媒體紛紛遠道熊本去探訪，日本各大媒體更是設立主題不遺餘力報導。代表日本產業競爭力的這三大企業商社社長開幕典禮上全員出席，並且，很謙虛的站在舞台兩側。

我們可以從三家龍頭企業在各自產業方面，都是居世界級的前第一、二名，他們的主力產品，未來對晶片的需求依賴有多大？下面的分析或知端倪：

要知道，感測晶片是一種廣泛應用於各行各業的關鍵技術，它們根據不同的功能和應用場景，可以分為許多不同的類型。以下是一些常見的感測晶片應用場合和功能分類：

一 . 溫度感測

應用場合：溫度感測晶片常用於氣象站、家庭和辦公室

的空調系統、冰箱和烤爐等設備，以及工業製程控制。

功能：測量和監控環境或設備的溫度。

二.壓力感測

應用場合：壓力感測晶片廣泛用於汽車的制動系統、飛機的航空儀器、醫療設備（如血壓計）和工業過程控制。

功能：測量氣體或液體的壓力。

三.光感測

應用場合：光感測晶片應用於自動調節屏幕亮度的手機和平板電腦、戶外照明控制、安全和監控系統。

功能：檢測光線強度並根據光線變化調整設備行為。

四.運動和位置感測

應用場合：運動感測晶片被廣泛應用於手機和遊戲控制器中的加速度計和陀螺儀、汽車的防滑系統、無人機和機器人。

功能：測量和追摒速度、方向、加速度、旋轉等。

五.濕度感測

應用場合：濕度感測晶片常用於氣象監測、農業灌漑系統、智慧家居系統和食品加工業。

功能：測量空氣中的濕度水平。

六 . 化學和氣體感測

應用場合：化學感測晶片用於環境監測、工業安全、呼吸分析和醫療診斷。

功能：偵測和量化特定化學物質或氣體的存在。

這些感測晶片的應用範圍十分廣泛，不僅限於上述列出的領域。隨著技術的發展，感測晶片的新應用領域不斷被開拓，其功能和精度也在不斷提升。

日本 Sony 要想在感測元件保持領先，當然要往更精密的技術發展，我們檢視 2023 年日本 Sony 公司以下一些最精密的感測元件類型：

1. 影像感測器

- Exmor 和 Exmor RS CMOS 感測器：這些是 Sony 最先進的影像感測器，廣泛應用於相機、手機和其他影像裝置中。它們以出色的低光表現、高解析度和快速影像處理能力而著名。

- 堆疊 CMOS 影像感測器：Sony 的堆疊技術允許將影像處理電路置於像素層之下，這提高了讀取速度和圖像質量，尤其是在高速或低光環境下拍攝時。

2.3D 感測技術

- ToF（Time of Flight）感測器：Sony 的 ToF 感測器利用光的飛行時間來精確測量物體和場景的距離。這種感測器在智慧手機、自動駕駛汽車和機器人等領域有著重要應用，用於實現深度感知和 3D 掃描。

3. 生物識別感測器

- 指紋感測器：Sony 也研發了用於手機和其他裝置的高精度指紋感測器，這些感測器可以快速而準確地識別用戶的身份。

4. 光學和色彩感測

- RGB-IR 感測器：這些感測器結合了傳統 RGB（紅綠藍）感測和紅外線感測，能夠在各種光照條件下提供準確的色彩和深度信息，適用於高階攝影和視頻錄製。
- 全像素對焦技術：Sony 的一些感測器採用了全像素對焦技術，每個像素都能參與到對焦過程中，這提高了對焦速度和精度，尤其是在動態捕捉場景時。

　　Sony 不斷在感測技術上進行創新，推出更多高性能、高精度的產品。讀者諸君想瞭解，如何在極微小的空間內打造數千萬電路及元件，直接影響到感測器的性能、能耗和體積，可到 Sony 的官方網站搜尋，也可查看最新的產業新聞資訊比

較。

截至 2024 年的資訊，Sony 的感測器製程技術細節，特別是其奈米級刻度，通常沒有被公開詳細說明。製程技術，包括奈米級刻度，是對於像 Sony 這樣的公司來說，其影像感測器，特別是用於高端攝影和智慧手機的產品將會使用更先進的製程技術，在 28 奈米到 16 奈米之外，隨著技術的發展，更小的製程技術（如 7 奈米或更小）已開始在處理器和記憶體晶片中普及，估計這些技術未來數年也將被應用於精密級別的感測器。

製程技術的進步對於提高感測器性能至關重要，包括提高像素密度而不增加感測器尺寸、降低能耗以及提升圖像質量。這是因為更細的製程技術可以在同樣大小的晶片上集成更多的電路，從而提升性能和 / 或降低功耗。

相信 Sony 研發單位早已在開發採用 7/5 奈米技術以下的先進感測元件，這將大幅提升感測器的性能、效率和功能，從而拓展到 AI 應用範圍。以下是即可能受益於高端製程技術的應用領域：

1. 智慧手機和移動設備

- 高解析度攝像頭：更小製程的感測元件可以支持更高的像素密度，提供更高解析度的照片和視頻，同時降低噪點，改善低光表現。

- 3D 感測和擴增實境（AR）：先進的製程技術可以提高 3D 感測器的準確度和反應速度，從而改善 AR 體驗和臉部識別技術。

2. 自動駕駛車輛
- 高精度環境感知：更細小的製程技術允許感測器更精確地捕捉環境數據，提升自動駕駛車輛的安全性和可靠性。
- 增強型影像和雷達感測器：用於車輛的雷達和影像感測器將受益於更高的解析度和更低的延遲，進一步提升對周圍環境的感知能力。

3. 醫療影像和診斷
- 高精度醫療影像：在醫療影像領域，更先進的感測元件可以提供更高的影像質量，對於早期診斷和精確治療至關重要。
- 可穿戴健康監測設備：更小的製程技術可以使感測元件更加節能和緊湊，適合長時間佩戴的健康監測設備。

4. 安全監控與智慧城市
- 先進的監控系統：提升影像感測器的性能可以改善夜視和動態追捕能力，對於安全監控系統特別重要。
- 智慧城市基礎設施：更高效能的感測器可以支持智慧城市

中的各種應用，包括交通管理、環境監測和公共安全。

5. 工業自動化和機器人技術

• 高性能機器視覺：先進製程技術的感測器可提供機器人和
  自動化系統所需的高速度、高解析度影像處理能力。

• 精確的位置和運動控制：更精密的製程技術使感測器能夠
  更準確地測量和控制工業機器人的位置和運動。

　　採用 7 奈米以下技術的感測元件不僅能夠提升現有應用
的性能和效率，還可能開啟新的應用領域，推動技術創新和
產業升級。隨著技術的發展，這樣的數位轉型是必然的趨勢，
有了近在眼前台積電熊本廠技術製程的加持，未來 Sony 的研
發團隊將更上層樓，產業的爆發力當無所懼。

豐田的未來 JASM 是關鍵角色

　　日本汽車產業龍頭豐田近年面對中國電動車比亞迪來勢
洶洶的挑戰，及高價位特斯拉電動汽車「移動電腦」的衝擊，
被國際汽車專家引為最大潛在危機。如果照比亞迪 2023 年出
口車輛數目超越豐田及特斯拉，像東南亞新馬泰等地區，比
亞迪的價格優勢確實迅速攻佔 EV 車的第一位，長此以往，豐
田市佔率世界第一的地位可能被撼動，必需在三、五年內建
立自駕電控的競爭力對應，晶片的重要性將是其中的重中之

重。有了近在熊本的台積電一、二廠，豐田研發工程師將可大膽、有效率的將自駕汽車、各種高性能晶片在研發初期及設計入各型車款，隨著未來 Jasmine 升級到 2、3 奈米製程等級，豐田的未來車想要具備什麼功能，都可在相關實驗室進行設計、測試，對於豐田汽車的競爭力很是關鍵。

我們都知道，豐田在油電混合的所謂「Hybrid Electric Vehicles」技術上，領先全球各大車廠發展多年，然而，2021 年汽車用晶片短缺，導致美德日各大車廠許多車型停產等待晶片，各國政府甚至介入搶分晶片，台積電也變成了許多汽車廠追索晶片的主要對象。豐田在其汽車上使用了多種晶片（微控制器和感測元件），以實現復雜的控制和監測功能。這些晶片對於確保車輛的高效能、可靠性和安全性至關重要。

在此我們試著分析主要功能類別和晶片應用：

1. 動力控制

• 電機控制晶片：控制油電混合動力系統中電動機的工作，包括速度和扭矩的調節，以達到最佳能效和駕駛性能。

• 電池管理系統（BMS）晶片：監測和管理電池的充電和放電過程，包括電池狀態（如電壓、電流和溫度）的監測，以確保電池的健康和壽命。

2. 車輛控制和信息系統

- 引擎管理系統晶片：控制內燃機的工作，以優化燃油效率和減少排放。
- 傳動控制晶片：管理車輛的傳動系統，確保動力在電動機和內燃機之間的順暢轉換。
- 信息娛樂和導航系統晶片：提供駕駛員與車輛互動的界面，包括音響娛樂、導航信息和車輛診斷數據。

3. 安全與輔助駕駛

- 感測器和攝像頭晶片：用於各種安全系統，如自動緊急刹車（AEB）、車道保持輔助（LKA）、盲點監測等。
- 車載通訊晶片：支持車輛與車輛（V2V）、車輛與基礎設施（V2I）的通訊，提高行駛安全。

4. 環境監測

- 排放控制晶片：監測和控制排放系統，以滿足嚴格的環保標準。
- 溫度和壓力感測晶片：監測車輛各部件的溫度和壓力，確保運行在最佳狀態。

5. 能源效率監測

- 燃油效率和能源消耗晶片：計算和顯示車輛的燃油效率和

能源消耗情況，幫助駕駛者採取節能措施。

這些晶片系統共同工作，使豐田的油電混合車在提供卓越的性能和舒適駕駛體驗的同時，還能達到節能減碳的目標。配合汽車電子化和智能化水平的不斷提高，這些晶片的功能和效率也在不斷進化和改進。

隨著這幾年 AI 應用的突飛猛進，油電車也好，純電動車也好，對於各類晶片的需求，更是有增無減。並且基於油電車自動化程度，使用的晶片更涵蓋了各級奈米級的不同；因汽車向電動化和自動化轉型，汽車用晶片（包括那些用於油電混合車的晶片）也在迅速進化，以滿足更高的性能、更低的功耗和更小的尺寸要求。然而，關於這些晶片使用的具體奈米級製程技術，信息通常較少公開，因為這取決於晶片製造商和汽車製造商的具體要求和合作細節。

到 2023 年，汽車產業中廣泛使用的半導體製程技術範圍從 90 奈米到 12 奈米不等，用於更高性能應用（如高級駕駛輔助系統 ADAS、信息娛樂系統和車輛通信系統）的晶片，將採用更先進的製程技術，如 7 奈米或 5 奈米。

進入到 7 奈米及以下製程技術的晶片，能夠提供更快的計算性能和更低的能耗，這對於實現複雜的算法和處理大量數據（如自動駕駛系統中的即時數據處理）是至關重要的。這樣的製程技術還可以幫助減小晶片尺寸，從而在有限的空間內集成更多功能。

然而，汽車級晶片相較於消費電子產品中使用的晶片，必須滿足更嚴格的可靠性和耐用性要求，這可能影響到採用最新製程技術的速度。汽車級晶片需要在極端的溫度條件下工作，並能承受振動和濕度等惡劣環境的影響，同時保證長達數十年的壽命。

　　隨著技術的發展和成熟，預計更先進的製程技術（如5奈米和甚至更先進）將會被逐漸應用於汽車用晶片，特別是那些用於關鍵應用如自動駕駛和車聯網（V2X）通訊的晶片。這不僅能夠提升性能和效率，也將推動汽車行業的技術革新。

　　我們了解，油電混合型車種引擎與馬達兩種動力並行，純電動車則重點在電動馬達與發電機的動力轉換，兩種對晶片功能要求有所不同，純電動汽車（EVs）和油電混合汽車（HEVs）在許多方面共享技術和組件，包括一些晶片和電子系統，但由於它們的動力系統和操作原理有所不同，因此在晶片等級和功能上也存在一些差異。這些差異主要體現在動力控制、能源管理和輔助系統的設計與需求上。

6. 純電動汽車（EVs）晶片特點

- 能源管理和電池管理系統（BMS）晶片：對於純電動汽車而言，電池管理系統的晶片尤為關鍵，需要精密控制電池充放電，保護電池，延長壽命，並優化能源使用效率。
- 電動機控制晶片：純電動車較多依賴電動機的性能，因此

需要高效能的電動機控制晶片來精確控制電動機的功率輸出，實現平順駕駛體驗和高能效。

- 高壓系統管理晶片：由於純電動汽車的動力系統工作在更高的電壓下，相關的高壓管理和保護晶片對於安全性至關重要。

7. 油電混合汽車（HEVs）晶片特點

- 動力系統整合控制晶片：油電混合汽車需要晶片來實現內燃機和電動機之間的無縫切換和協同工作，以達到最佳的燃油效率和動力性能。
- 能量回收系統晶片：油電混合車利用制動能量回收系統來充電，該系統的控制晶片需要精準調控回收過程，以最大化能量回收效率。
- 內燃機控制晶片：與純電動汽車不同，油電混合車還需配備用於控制內燃機的晶片，以優化燃燒效率和減少排放。

8. 共同特點

- 車輛控制和信息系統：不論是純電動還是油電混合，都廣泛使用晶片來控制車輛的各種功能，如駕駛輔助系統、信息娛樂系統、車載通信等。
- 安全與輔助駕駛晶片：包括用於實現自動緊急制動、車道保持輔助、自動泊車等功能的晶片。

總體而言，純電動車和油電混合車在晶片和電子系統上有很多共通之處，但也有各自特有的需求和功能。隨著技術進步和自動化水平的提高，我們可以預見這些系統將變得更加複雜和先進，以滿足更高的性能和安全標準。

更廣泛的探討，如同本書第一章：「巡弋飛彈的故事」、「智慧機器人的大應用」、「生成式 AI 對談系統帶動 20 年紅利」、「智慧生活、智慧製造」、「物聯網工業再革命」，再對照日本目前在這個領域下足的功夫，各類各級的晶片都將在這麼多的應用發展具關鍵供應的地位。

有記者問日本豐田汽車技術長：一部 EV 汽車到底需要使用多少晶片？他手劃了整部車說：大約要 2500 顆晶片！

經過上述的分析，讀者諸君已知道，原來隨著汽車走向 Level1、Level2、Level3 的自動化駕駛方向，整部車要用的晶片數以千百計 Level1 用到 400-600 顆，到了 Level3 估計全車用到兩千顆以上。晶片的數量晶片製程技術等級，從成熟的 40/28/20 奈米級到 7/5/3 奈米，未來很快的 2 奈米晶片也將引入。既然 CoWoS 立體封裝技術加上 7 至 2 奈米製程技術，台積電現在及未來的 5 年內根本沒有對手，那麼豐田跟它的夥伴關係，豈不是充分保障它未來在自駕車關鍵晶片的取得地位？

電動汽車走下坡？

2024 年 7 月台灣商業週刊第 1914 期封面報導主題：「電動車派對喊卡」，詳細分析了純電動汽車近 3 年銷售疲軟的**趨勢**，從 2021 年 Q1 開始，全球銷量年增率分別從 153%、101%、26%，降到 2024 年 Q1 的 4.2%。反而插電式或油電混合車年增率從 23 年 Q1 的 34% 升至 24 年 Q1 的 48.3%！

根據這篇報導內容，有兩個有趣的現象，一是純電動車在地球減碳的努力中，事實顯示並非最佳選擇，而是「油電車」才最減碳。此外，5 年前，一般預言，引擎為主的汽柴油車會在 2030 成為個位數成長，甚至到了 2035 年被德國等主要汽車王國視為末代燃料車種而逐漸消失。這篇報導卻指出，汽柴油車在引擎大改良減碳之下，2030 年後，仍然有兩位數的市佔率，至少，2035 年引擎為動力的汽車，仍佔有所有車種一席之地。

所以，目前以鋰電池作為動力的汽車，除非電池（如氫電池）在儲能、減碳與效率方面，能有突破性的發展，否則，看來到了 2030 年，將是燃油汽車、油電車、純電動車三分天下的局面。

這樣的**趨勢**對汽車使用晶片的數量與成長率有無負面影響？答案當然是沒有。為什麼？因為晶片的使用隨著汽柴油車、油電車、純電動車全面走向 Level 級數升級，控制及顯示

等智慧化、自動化的情況之下，對晶片的需求只有越來越多，並且，車控的反應越快速，功能越多元，對先進晶片的需求倚賴就越高，成長率與數量就越大。所以，長期而言，對汽車 IC 設計業者、對製造先進晶片的台積電就越有利。

晶片斷貨，影響日本汽車產業存活

電動汽車對晶片的需求，顯然比一部 AI 筆電還高出幾倍數量，如果把它再乘以 2030 年估計全球電動汽車（包含油電混合動力車）將達一、兩千萬輛來計算，晶片的需求量將超過 100 億顆的驚人數量！當然，根據各類晶片（以下分析）的功能不同，從需求數量最大的 40/28/20 奈米，進步到最精密的 7/6/5 奈米，很快的到 2025 年 2 奈米的晶片也將引入。雖然 16 奈米以上的製程技術範圍，全球有數十座半導體邏輯製程晶圓廠都可以提供，然而，講到能從最成熟製程晶片到 Level3、Level4 所需要的最精密晶片，卻只有台積電擁有這麼完整化的製程技術與產能，包括豐田、本田、日產、三菱、馬自達在內的日系汽車廠，年產量超過兩千萬輛。想想看：一部汽車完整功能所需要的晶片缺一不可，如果日本境內沒有自己可掌握的晶圓廠，隨著汽車數位化功能越多元化，停工待料（晶片）的可能性與迫切性越高，對日本汽車產業而言，怎麼能忍受產業戰略元件供應的失控？

中國汽車工業協會的數據顯示，中國 2023 年的新車（EV車）出口量卻增長更高 58%，達到 491 萬輛，估計期全國總產能 2024 可到 2 千萬輛。然而，其境內一年需求量只有一千萬輛，可想而知未來數年，中製電動汽車，將大舉外銷，才能消化它的產能。美國因為有關稅障礙，阻擋中國汽車輸美，歐盟難擋，儘管調高電動車進口關稅，仍敵不住中製電動車的超低價傾銷，對歐洲大汽車廠未來競爭力威脅非常大。

　　當坐擁汽車霸主的日本汽車產業面臨中國廉價 EV 車傾銷之際，眼看中國 20 奈米以上的晶圓廠不斷擴建新廠，成熟製程晶片產能已快趕上全球第一。面對這樣的威脅，日本汽車廠是有危機意識的，因此加速、加大在氫電池方面的研發，續電力、體積重量越來越改進。氫電池的安全性雖然仍存在著一定程度的不確定，但是不像鋰電池那樣容易導致起火的現象，因此，日系汽車廠仍看好氫電池電動車未來才是技術及應用的主流。

　　然而，晶片跟電池雖然都是電動汽車的關鍵元件，晶片本身卻有電池沒有的兩個優勢：一是不管純電動汽車、EV 或傳統汽柴油引擎發動的汽車，在邁向更安全、更自動化的目標下，都需要晶片；並且，隨著各種汽車、公共交通運輸功能需求的不斷改進，晶片需求種類與量越來越多，晶片的總需求只會增加，不會減少。

　　根據統計，日本汽車業一年（2022 年）在海外生產了

1695 萬輛汽車，較 2021 年的 1642 萬輛增長 3%，而日本國內的汽車產量卻僅 784 萬輛，海外的汽車產量爲國內的兩倍多。日本經濟新聞社的統計，2023 年日本汽車的出口隨然較前一年成長 2022 年增加 16%，達到 442 萬輛。出口銷售產值 17.26 兆日圓。因此拿 2022 年全球 2479 萬輛（含日本境內、境外總產輛）來估算，產值接近一百兆日圓。換算台幣約 22 兆元，來跟日本政府對台積電建廠的 2500 億補助金額比較，實在是連 1.5% 都不到，未來三、四廠的補助金額加倍，達到總金額 7000 億台幣的水準，也還不到 2022 年銷售產值的 4%。更何況，隨著新能源車價的上漲，幾年後的日本汽車產值至少成長 10%，而到 24 兆以上水準。日本擁有四座 12 吋最具競爭力的晶圓廠，確保所有日製車廠晶片的充分供應，以此而論，佔汽車業產值 3% 的金額，是非常划算的投資。日本經產省在這方面的戰略考量，實在是高瞻遠矚，應該給予讚賞！

對年產 2400 萬輛（海內外所有日本車廠）的日本汽車產業一年晶片需求量高達 4000 億顆以上晶片（2030 之前），擁有 4、5 座日本政府、產業界可直接供應、控制的邏輯晶片製造廠，才能保住未來發展的競爭優勢，這樣的態勢已不言可喻。因此，筆者可以大膽預測，JASM 的第三、四座 12 吋晶圓廠，或者二廠的擴產計劃應該會在兩年內決定並宣布。日本大汽車廠都將參與投資，既是股東更是主要的包產買方。

所以，爲何 2024 年由豐田出面，宣布投資 JASM 熊本第

二廠，佔兩座廠投資總額（約 200 億美元）的 7.5%（含集團公司日本電裝），二廠是 7/6 奈米級的製程，能提供的汽車晶片已經是頂級，二廠預定量產能力是每月 5 萬片，以日本工程師的專業與敬業，加上台灣支援的數百位資深工程師，那麼成熟運作的一、二年後，每月產能可能加大到 7-8 萬片。但是，如同前述分析，坐擁年產 2400 萬輛的全球最大產量，需要的晶片從數百億到數千億只晶片，以此推論，筆者認為不管成熟製程的 22/28 奈米級製程，或二廠的 12/16 奈米和 6/7 奈米的製程技術，也很快的會在一、二年內完成建置規劃。未來，如果有三廠的需求，日本政府的建廠補貼金額將更大於一、二廠，讓其他汽車廠也加入投資及成為直接採購保障買家。以日製車系一年一年創造七、八兆美元的產值規模，創造日本政府每年數千億美元（營業稅、員工個人所得稅、股利稅……等）稅收，這可是 JASM 一、二廠補助金額 85 億美元的數百倍。日本政府這項投資實在太值得、太有遠見了，因此，維護日本汽車在全球的一線大國地位，十分重要。

有人說以日本工程師多數具備的學習精神與敬業態度，台積電的製程技術訣竅（Knowhow）不就幾年內就會全數移轉至日本廠，這樣不是培養了台積本土未來潛在的競爭者嗎？這一點，筆者認為不必擔心。要知道當 2012 年台積宣布南京要建置 16 奈米製程技術晶圓廠時，台灣的晶圓廠才開始量產 16 奈米不久。另者，2022 年底美國眾議院議長裴洛西來台訪

問不久，隨即宣布亞力桑那台積廠將規劃 3 奈米製程晶圓廠，當時，台積電南科才剛剛量產而已。然而屈指一算，從規劃建廠到量產階段，最快也要 3 年，等到 3 年後（2028）亞利桑那廠 3 奈米二廠正式營運時，台灣本地 3 奈米廠產能已擴大數倍，良率也遙遙領先；而新竹寶山 2 奈米廠已開始運轉 3 年，1.4 埃米廠的建置規畫也接近完成，由此可知，到那個時候，美日海外廠製程技術都已落後台灣晶圓廠 1.5-2 個技術世代，這是其一。

劉德音接受筆者訪問時，也指出 Moving Target 的概念，不管海外哪一座晶圓廠，是按照台灣當時最先進的晶片廠去設計建置，台灣總公司這邊永遠在進步。所以當海外廠蓋好，進入正常營運的時候，台灣的晶圓廠又蓋了領先一、二代製程技術的工廠了。只要不斷進步，就永遠領先，這就是 Moving Target 的概念。

另外，台積電在台灣北中南的十幾座晶圓廠與封測廠，每月產能到 2025 年時，已超過百萬片以上；美國加上日本兩地產能，假使全力運轉也不過 15-20 萬片的水準，根本無法與台灣本地 PK，這是其二。

無疑的，涵蓋全部成熟、先進晶片製程能力的台積電將會是最大的贏家，全球產能最大、良率最高、成本最具競爭力的半導體公司，對豐田汽車、日本其他汽車廠商來講，這個關鍵元件非牢牢掌握住不可，否則產業競爭力將遇到最大

瓶頸。到了 2030 年時，日本汽車業者將非常佩服並感謝「經產省」的促成，2024 年開始，熊本 JASM 已經陸續完成第一座晶圓廠的量產，從 40 奈米、22/28 奈米、12/16 奈米和 6/7 奈米晶片，透過 JASM 源源不絕供應日本汽車產業的需要。

未來汽車產業倚賴晶片有多大？

如同前述，2021 年下半年，全球 COVID-19 疫情期間，20-40 奈米的成熟晶片供不應求，導致豐田、福特、朋馳、賓利等全球大廠停工待料，影響了數十種車款的交車時間，有些車款甚至於延遲 6-9 個月後才能交貨。這是晶片進入汽車產業數十年來，首次發生因 IC 晶片缺貨而影響車廠正常營運的現象。

隨著十幾年來，汽車配備功能的數位化、多樣化，對各類晶片的需求越來越多，尤其進入自駕車（ADAS）的時代。一部 Level5 的自駕車全車安裝的各類晶片到 2000-2500 顆之多，跟現在汽柴油車或油電車（EV）每部車所需的晶片平均 200-400 顆不可同日而語。

如果我們以日製汽車 2023 年總產量 2400 萬部（海外廠 1740 萬部，日本境內 760 萬部）來計算晶片需求量，假設到了 2027 年，汽柴油車生產 1500 萬輛，EV 車 600 萬輛，自駕車 300 萬輛，而這三種車系安裝成熟晶片（10 奈米以上）

與先進晶片（10 奈米以下至 2 奈米）的比例假設分別是：90%/10%、80%/20%、70%/30%，那麼日本車廠一年需求的晶片計算如下：

- 汽柴油車

  1500 萬 ×90%×200 顆晶片 = 27 億顆晶片 / 年（成熟晶片）

  1500 萬 ×10%×20 顆 = 0.3 億顆晶片 / 年（先進晶片）

- EV 車

  600 萬 ×80%×300 = 14 億顆

  600 萬 ×20%×400 = 4.8 億顆（先進晶片）

- ADAS 車系

  300 萬 ×70%×2000 = 42 億顆

  300 萬 ×30%×500 = 4.5 億顆（先進晶片）

  因此，以此推論，日製汽車到了 2027 年所需的晶片：

  成熟晶片（10 奈米以上）：27 + 14 + 42 = 83 億顆晶片

  先進晶片（10 奈米以下）：0.3 + 4.8 + 4.5 = 9.6 億顆

  （如果 7/5/3/2 奈米先進晶片平均每部車需 200 顆，總需求約 7-8 億顆）

  台積電 2024 年的晶片產能一個月在 100-110 萬片之間，到了 2027 年擴廠加海內外新廠加入營運，大約月產能可以提高到近 150 萬片，一年就是 1800 萬片。

  我們知道，一片晶圓生產多少顆晶片，跟晶片面積大

小、良率、晶圓品質等有密切關係，實在很難準確地估計。早期，40-100奈米的晶片相對今日，功能簡單多了，面積也不大，良率又高（99.9%），因此，一片晶圓有時可產出一、二千顆甚至於上萬顆晶片，如果10奈米以下製程，譬如蘋果iPhone14-16最新機種，一片晶圓平均可生產200-300顆先進晶片就很不錯了。如果拿NVIDIA的GB200系列GPU來估算，由於它整合了CPU及許多元件功能，每個晶片雖然電路、微小元件因5/3/2奈米製程技術更加精密，但是面積變大，一片12吋晶圓最後產出可能只有不到100顆數量的晶片。

在此，我們且作個粗估；10奈米製程技術以上的晶圓每片產出約600-800顆成熟晶片，平均以700顆計算，10奈米製程技術以下每片產出約100-300顆，平均以200顆計算，那麼到了2027年，如果台積電全球建置晶圓廠的總產量一年1800萬片（每月150萬片）中，有50%是先進晶片，50%是成熟晶片，則他一年晶片的總產出數量，大約是：

成熟晶片產出：

1800萬片 ×50%×700 = 63億顆／年

先進晶片產出：

1800萬片 ×50%×200 = 18億顆（見說明）

合計：14.2 + 3.6 = 17.8億顆／年

說明：前面提到，未來超級AI晶片包括運用3/2奈米製程技術的最精密（體積稍大）晶片，每片晶圓產出僅以100

顆計算，佔 50% 產能中的 25% 左右，10/7/5 奈米每片產出晶片平均 300 顆，佔 25%。

以 2027 年預測產能來作粗估，台積電產出晶片的數量跟日製汽車需求的數量相比，供給方減去需求方等於：

先進晶片：18 億顆－ 9.6 億顆＝ 8.4 億顆

成熟晶片：63 億顆－ 83 億顆＝ -20 億顆

初步看起來，兩種晶片台積電供應日方汽車市場的能力還可以，如果以 10 奈米以下作為先進晶片主流，台積電 2027 年估計總產能是 18 億顆，供應日本汽車業的需求量似乎足夠；然而進一步分析，汽車產業方面，如果再把歐美及中國大陸（EV 及自駕車比重超過 70% 以上）汽車業對先進晶片的需求加入，全球汽車產業先進晶片的總需求就要加倍而到 15-18 億顆之多！

何況，根據 AI 發展趨勢市場的統計，光是 AIPC、AI iPhone、AI Servo 三大領域未來發展神速，到 2027 時，它們一年對先進晶片的需求就接近 5-8 億顆之間。從 2024 到 2027 年 3 年之間，正是 AI 進入智慧家電、智慧機器人、物聯網、醫療生物晶片的高成長期，這幾大領域對先進晶片的需求量也越來越大，保守估計，2027 年一年的需求也至少要 1 億顆以上的數量。

所以，綜合以上粗估，各個主力行業在 AI 化、智慧化的趨勢應用前提下，2027 年對先進晶片的總需求，大約會在

20-25 億顆左右，如以平均 22.5 億顆為準，跟台積產能 18 億顆比較，會有二至四成的供需失衡，屆時各行業爭搶台積電先進晶片產能，是非常有可能發生的現象。

以此觀之，日本這幾個主力產業未來發展所繫的關鍵核心——晶密晶片，供給明顯不夠，要跟美國超大晶片公司搶台積產能，搶得過嗎？難。因此，日本產業界必須要未雨綢繆，現在就要思考，下一步怎麼做？當然是督促日本政府加碼，趕緊讓台積電 5/3/2 奈米製程晶圓廠，在未來 3 年及早在日本本土佈署建置！

精明的讀者也許想到了，那麼 10 奈米以上成熟晶片的供需呢？會不會再次發生 2021 年的缺貨現象？答案是不會，為什麼？主要是 2021 缺晶片的事件，讓全球所有晶圓代工廠看到機會，紛紛擴廠或建新廠。尤其中國大陸到 2025 年以前，供給的最大產能就接近百億顆！

估計 2021-2025 年間，10-100 奈米成熟晶片產能增加數倍，即使到 2027 年全球各主要產業成熟晶片的需求成長到近 200 億顆，全球數十座 10-40 奈米晶圓廠的產能，很可能全開到超過 200 億顆之多，屆時供過於求的現象恐怕會發生，價格跌落也是意料中的事。台積電該怕嗎？不會，因為相對而言，TSMC 擁有設備折舊滿無需費用編列、良率高、特殊製程、產能調配性大等多項能力優於同業，因此，在性價比方面，具備最大競爭力。到 2027 年成熟晶片將供大於求，價格

會大幅滑落，台積電因具備以上優勢可能影響若干毛利而已，如此更會驅策它往 7 奈米以下精密晶片的產能加大，目前已突破總產能的 70%，很快會到 80% 以上的比重，相信 2 年內會達成。

Rapidus 聯盟是威脅嗎？

Rapidus 是由日本八家公司包括：電裝（DENSO）、鎧俠、三菱聯合銀行、日本電氣、NTT、軟銀、Sony 和豐田汽車於 2023 年的 9 月聯合投資成立，2024 年 3 月，日本政府宣布追加預算補助 Rapidus 製造工廠，總共 5900 億日圓（39 億美元）。在 2022 年 12 月 4 日成立的酒會上日本政府從岸田首相、經濟大臣西村康稔、到國會重要議員甘利明、八家公司的會長、總經理等，冠蓋雲集重要人士全員到齊，代表日本朝野對這家公司的極端重視。現為東京大學與台積電合作的東大實驗室教授黑田忠廣認為，從戰略上來看，Rapidus 以 2 奈米作為第一個產品是對的，因為除了台積電，還沒有任何競爭對手，而最尖端的產品就是最賺錢的。

Rapidus 成立後，首座晶圓工廠設在北海道的千歲市，預定 2025 年 4 月開始試產，經產省給予該公司營運的首要目標；是在 2027 年以前，能夠擁有大量製造 2 奈米晶片的能力。根據了解，Rapidus 所以這麼雄心萬丈，是因為他們團隊與比利

時研究機構 IMEC 及東京大學合作多年，發展後製程——先進封裝 3D 技術，以及將多個晶片整合成一個微小晶片的前製程能力。

看得出來，經產省不希望把全部雞蛋放在一個籃子裡，因此，在補助台積電日本廠 JASM 之外，同時培養第二家先進晶圓製造廠，這對 JASM 是個威脅嗎？答案當然是：NO！道理很簡單，台積電早已對外宣布 2 奈米製程將於 2025 年上半年量產，比 Rapidus 的規畫整整提早一個世代（2 年）。此外，誠如筆者上一本書《台積電為什麼神？》內容所詳述的，台積電核心能力中的兩項：「量產良率」跟「萬人龐大資深工程師」，是全球任何一家晶圓製造工廠所遠遠不及的優勢，Rapidus 不要說 5 年，10 年內能趕上都還未定。黑田忠廣要了解的是，邏輯晶片代工不同於三十年前日本最強的 DRAM 生產技術，要達到量產最高良率，沒有多年功力的工程師團隊，無以為功。

結論是：Rapidus 的起步有點晚，主要目標又訂得有點高，從他們團隊擁有的 40 奈米製程經驗，幾年內要跳到 2 奈米，是一大挑戰！晶圓製造迥異所有傳統工業製造的是，為了在一大片 12 吋直徑晶圓上生產出最多高品質的晶片，必須在眾多工序製程中，嚴格控管每道品質，而某些製程牽涉到的物理變化，簡直匪夷所思，沒有什麼理論可以解釋或學習。靠的是現場反應，立即解決問題的能力，而這個能力的

養成，則是遭遇無數次瓶頸及失敗，不斷分析、思索、嘗試之下累積的經驗。高良率就代表了高競爭力，這種傑出經驗，跟創新型天才又截然不同，無法以高薪立即培養有效，這就是 Rapidus 在 5 至 10 年內，難以跟 JASM 競爭的地方。

我們可以預言，2025 年前後，經產省恐怕還要拿更大的補助金額，希望台積電在日本的第三、四座工廠趕緊建置，讓 2027 年時，日本擁有一座高良率 2 奈米製程的晶圓廠。

日本半導體新創也要台積電

日本經濟新聞 2024 年 3 月的一篇文章分析，日本半導體業三家新創晶片設計公司，前兩家因為藉著台積電新一代的製程技術，而聞名於國際。第一家 PFN（Preferred Networks）是一隻獨角獸，市值 3500 億日圓，他發展自家開發的 AI 深度學習專用半導體晶片—— MN-Core 最適合生成式系統。這款晶片採用台積電的 7 奈米技術，而公司來頭相當顯赫，它是在 2016 年成立，其開發的第一代 MN-Core 的超級電腦，曾經在兩年內拿下「綠色五百」冠軍，甚至超越 NVIDIA 用於超級電腦的 A100 晶片功能；因此在集資時，吸引了大企業包括豐田汽車、CNC 控制器大老發那科（Fanuc）、NTT 等投資。

第二家晶片設計公司是 Triple-1，也是成立於 2016 年，

2018 年時，因爲運用了台積電的 7 奈米製程技術，開發出比特幣專用的神風專用晶片（Kamikaze），處理速度比當時專用晶片快三倍，並減少 50% 以上的電力消耗。相對於當時中國半導體競爭對手還停留在 16 奈米製程，他的表現震驚了全球產業界。它運用比特幣晶片培養出的節能技術，與東京電力電網公司（PG）與電力管理公司 Agile Energy 合作，將太陽能發電剩餘的電力，運用到所謂的「分散型數據中心」，讓剩餘電力做最有效的應用。運用人工智慧處理動態大數據的方式，在日本全國各地建立小型高速數據中心，幫助全日本電力系統做最有績效的運用，這也是物聯網一個很成功的示範。

第三家成功的新創半導體公司叫做 FLOSFIA 公司，是從京都大學育成中心孵養成功的新創，由京都大學名譽教授藤田靜雄指導，開發高性能的功率半導體晶片，並運用第四代半導體材料鎵（Ga2O3）進行月產兩百萬顆晶片的生產工廠。由於半導體的積板材料正由主流的矽（SiC）轉變到比較節能的碳化矽和氮化鎵（GaN），後者相對更容易量產，且電力消耗只有碳化矽的 1/7 而備受矚目，因此，獲得三菱重工、大金工業、三陽化成工業等大企業注資，未來發展深具潛力。

由此可見，不只是日本現有主力產業，他們創造營收的主要產品，其內部關鍵元件隨著功能的智慧化設計，更依賴功能超強的晶片來進行控制與協調，能協助這些精密晶片商

業量產的主角，只有台積電！一如上述三個例子，未來有潛力的新創半導體公司設計的晶片，技術越是先進，越是需要台積電，幫他實現量產高品質的晶片！

日本 AI 應用與台廠聯盟

全球人工智慧（AI）這波洪流來得又急又快，光是觀察「AI 教父」黃仁勳領導的輝達（NVIDIA）2024 年的營收、市值的驚人成長即為一例。放眼望之全球，目前與輝達合作最早、最多及最大的產業就是台灣 ICT（資通產業），從最小的晶片開始，到 AI 伺服器的周邊元件、冷切系統、電源系統一直到整套系統的設計、組裝，台灣資通產業搶佔 80% 以上供應端能量。

不僅僅是 NVIDIA，連全球科技五大巨頭公司 Apple、Meta、Google、Amazon、Alphabet 都仰賴台積電生產的先進晶片、他們的資料中心（Data Center）所急需的 AI 伺服器，不是從輝達進貨（台廠製造），就是由鴻海、廣達、緯創、美超微、英業達等台灣電子十哥供貨。

並且，本書前一章的分析談到，輝達團隊引導橫跨工業自動化、智慧機器人、數位孿生系統、智慧供電系統、智慧醫療等各大領域，與台灣合作夥伴的關係最多、最早。

日本產業，現有智慧機械、工廠自動化的上下游供應鏈

很強，如何與台廠合作，加速 AI 化，非常重要。工業自動化、汽車產業、智慧家電相關的感測元件、控制元件、材料、精密液氣體等，透過 AI 的再升級，也迫在眼前。這些，如果透過近在眼前的台日產業緊密聯盟，將會提升日本產業在今後 AI 應用市場，佔據關鍵的地位。

第四章

台積電爲何十年內仍無對手？

4.1 全球化布局

　　台積電在劉德音、魏哲家雙首長領導下，過去六年在全球化方面，做了許多布局，美日德三國的晶圓廠陸續建置及營運是其一，加強海外公司、晶圓廠的企業文化訓練薰陶是其二，成立全球研發中心更是未來台積發展中很重要的一步棋，也是劉德音董事長任內全力促成的一項成就。

全球研發中心

　　2023 年台灣半導體產業大聚落所在的新竹科學園區，新建了一棟樓高十層、地下七層，總面積達 30 萬平方公尺、共 9 萬坪、42 個足球場大的超大面積大樓，成為附近地區非常突出雄偉的一棟建築物，它就是台積電剛剛落成的「全球研發中心」。台積電對外新聞稿發佈指出，進駐的研究人員將專注於開發 2 奈米及更先進的製程技術，並探索新材料與電

晶體結構等領域的研究。台積公司研發組織人員已陸續搬遷入駐全球研發中心，該年 9 月共計超過 7,000 名研發人員已全數進駐就位。由於各項半導體新材料新封裝及創新科技的不斷出現，筆者估測，它未來五年會發展成為一、二萬人的研究規模。2024 這一年，TSMC 研發相關總費用將堂堂邁入將近三千億元台幣（近一百億美元左右）水準，一個 2300 萬人口的台灣，單一企業研發費用不僅超過全國機構研發總預算，且在全球百大企業當中，如此高的研發經費，也絕對可以擠入前十名。

據報載，這龐大的研發機構，是劉德音擔任台積電董事長、魏哲家擔任總裁後，兩人任內積極推動的主要目標之一，在這座「全球研發中心」2023 年中的啟用典禮上，兩位領導人還向公眾透露：「二十年以後，台積電將會開發什麼技術？半導體元件的大小是多少？用的新材料有哪些？以多少晶片堆疊起來的產品？光的運算與電的運算要如何整合？量子計算和數位運算如何共用？這些問題都要倚賴的全球研發中心台積人『給出答案』，並找出能夠大量生產的方法」。

劉德音在開幕典禮上強調，TSMC 這所全球研發中心的啟用，代表台積電「根留台灣」、研發創新的傳統和決心，未來將持續攜手合作夥伴、客戶、供應商、全球學術界的研究團隊，一起開發出更先進、更有競爭力的半導體技術。

這簡短的聲明中，劉德音明白的宣告兩件事：

第一、台積電早已投入量子電腦、光與電並進的矽光子技術、立體超微小的元件、第三類半導體材料（異質半導體）……等最新創新領域的技術，不久的將來，等市場成熟，這種創新領域一項又一項，隨著台積電「量產」的本事，將次第的展開在世人的面前，也是 TSMC 繼續獨開佔市場鰲頭的依據。

第二、為何稱為「全球研發中心」？就是要與全球頂尖的學術、研究機構從事半導體技術領域的合作，在這塊基地上發光發熱。同時，藉著這個研發中心，台積電有更大的本錢將全球最具競爭力與創新的供應鏈廠商、設備合作夥伴、客戶三大軸向兜攏在一塊，攜手合作研發，這又是強強相滾，全球半導體頂尖企業最大的創研基地！

台積電該研發大樓於 2023 年 7 月啟用後，象徵著國際研發大軍開始集結並擴大。未來，它將整合全球半導體技術力的所有資源，發揮更強大的力量，以期今後二十年製造技術繼續保持領先的地位。

台積的內控向來就很嚴密，散佈於各廠區的研發團隊，過去靠著制度上的管理，幾乎做到滴水不漏。可是「樹大招風」，各國競爭對手想當然耳，都想一窺台積的各種技術機密；如今集中在研發中心大樓，在更嚴格的門禁及統一的資安管理下，將可以更高規格的防護，來防止來自海外駭客的侵襲，以及內部商業間諜有意盜取，或部分員工無心的洩密行動。

研發集中在一個中心，組織必然跟著作若干調整，以方便對國內外的溝通合作。對內而言，因爲應材中心、艾司摩爾、亞旭這些國外供應鏈大廠，這些年來已在台灣紛紛成立研究中心，連繫協調十分方便；對國外研發合作單位而言，因爲有個統一又龐大的研發中心，國內外技術人才的溝通、交流將變得十分方便、有效率。如果說它將來會成爲這個地球半導體產業製造專業最重要的基地之一，也不爲過。

另一方面，事情越來越明朗的是：近三年台積電受邀在美日德三國設廠，在 2021 年美國廠消息剛傳出來時，有些穿鑿附會之士，說台積在美設廠是「去台化」——把台積的重心都搬到美國，也許這是美方一些人的期望，但是在台積公司主動說明後，這樣的聲音自然而然的消逝，爲什麼？因爲，越是深入了解，就越清楚精密晶圓製造的三大核心資產——包括：台積電分散於台灣北中南龐大的設備資產，一萬多名的資深工程師團隊，從晶片設技、研發、製造、封裝的龐大供應鏈，無論是大環境的主客觀因素怎麼改變，這三樣都是台積搬不走的最大資產。如今，這座龐大研發中心的建置，更是進一步「根留台灣」，有力的證明。

要知道，張忠謀一手建立的台積電，其內部文化特色之一，就是領導團隊任內幾乎很少接受媒體的採訪，更不要說中基層的主管或員工。「沒有聲音」的原則，大約是台積電全體員工數十年以來，給予外界的感覺。劉魏雙領導到任後

也不例外。一直到美國川普總統任內喊出「製造業回美國」，以及對中國進口商品科以高關稅，並要求台積電赴美設立生產工廠；加上亞力桑那建廠過程中頗有雜音，劉德音才在2023年開始，主動的以捍衛台積立場，接受美國 CNN、紐約時報等幾大外媒的訪問，他侃侃而談的流利英文也給媒體良好的印象。

劉德音接受筆者專訪時進一步表示：我們可以把各地區的研發規模做個比較；美國舉國上下公民營機構一年合起來R&D 的總預算約有 6 千億美元，日本很重視基礎研究及應用研究，一年全國研發總預算也高達約 1200 億美元。（筆者按：台灣含台積在內公民營機構研發總預算約 160 億美元）

台積對創新、自主技術的開發，從 2000 年以來，一直是創辦人張忠謀堅持的原則。事實也證明，台積走的這條路是對的，不僅申請的有效、高質量的專利多年來累積了數萬件，先進晶片製程技術一再的突破，從 10 奈米、7 奈米，一直到5/4/3 奈米，微小元件、封裝技術等各領域都有傲人的發明，保持領先全球。這都是全體研發、生產線同仁不斷努力下的結果。

在新竹科學園區蓋這麼龐大的研發大樓（據筆者了解，它最多可容納 2 萬名來自海內外的技術人才，規模、設備均屬一流）在台積電的規劃，這個研發中心的定位確實是全球性的，將來會容納來自許多國家的高階研發人才。台積多年

來，跟美日等多個國家的一流大學、研發機構都進行了各種主題的合作，隨著這座研發中心大樓的運作，以及研發預算的逐年高漲，就有本錢可以跟國外機構進行更多的交流與合作，並且可方便統籌協調不同的團隊，進行不同主題的研發，卻又各自保持獨立性、隱密性。同一大樓，會有各自獨立性的研發目標，但是該整合協調又會有彈性設計，讓各個半導體供應鏈題目的研發，暨獨特又協調，是這個研發中心的運作機制。這對台積往創新技術發展的未來，非常重要。

筆者的了解，劉德音任內奠定這麼一個「全球研發中心」的龐大基礎，就是將來跟全球的最尖端的 RD 機構、大學接軌，讓 TSMC 的 R&D Center 變成是一個全球晶圓製造技術的一流研發基地。講到創新技術，台積 2024 年 5 月在 Silicon Valley 舉辦一年一度的技術論壇，發表矽光子整合，也有涉及埃（angstrom）技術。可是筆者特別請教劉德音有關：Intel 在矽光子整合已經進入小量試驗階段，並且季辛格說他們快量產了，台積今年才剛發表，是不是比英特爾稍為慢了些？

劉德音的回答是，光子學（photonics）的研發起點也許是沒有其它公司早，但是我們在技術導入等方面恐怕還是比較快的。主要是來自於 AI 熱潮所致的數據傳輸爆炸性成長的需求，台積電的思維已經不同於以往，今天的晶圓製造技術也早已不只是基於摩爾定律（Moore's Law）而已，除了先進技術，更重要的是進入量產階段良率的提升與穩定。

（筆者按：劉德音擔任董事長之前，比 2018 年稍早，當台積電在 10 奈米製程技術良率一直提升不起來時，他向張忠謀提出了直接發展 7 奈米製程技術的計劃。獲得張忠謀支持後，他率領的團隊日以繼夜的努力研發、試驗、修正，最後在量產良率方面只花一年左右的時間，就獲得成功，為台積立下一大戰功。從這個階段起，台積在 7 奈米、5 奈米、4 奈米、3 奈米各階段，不同的技術團隊奮力接棒下，陸續創下最佳紀錄，把英特爾、三星電子遠遠的拋在後面。所以，台積人近 6、7 年來在 10 奈米以下先進晶片「量產良率」的製程技術，是維持其半導體晶圓製造產業盟主的主要因素。）

　　劉德音亦分享：「……其實兩年以前，大家還沒有覺得矽光子整合技術有需要，所以我跟我們團隊說，現在研發要往未來五年、十年以後的技術去探討，我們跟整合元件製造商（IDM）不一樣，他們是做自己的產品，根據他未來產品需求去做，我們則是因應客戶的需求，客戶有些技術非常前瞻，就會帶動大家一起成長。」

　　當筆者詢問劉德音董事長對競爭對手的觀點，台積電是否認為自己在未來十年製程技術應該是會繼續領先？

　　劉德音表示，相信幾年以後比現在更強的競爭對手可能會出現，但台積電並不是要比誰強就好了，我們並不跟競爭對手比，一旦你跟他競爭，你鑽的壺籠就越來越小了，我們的目標是要讓客戶做出世界上最強的產品，這才是我們的目的。

全球化與去台化

到了 2023 年的今天，情況只有更加嚴重，在因應精密、耐勞、靈活及敬業的生產活動方面，美國的工程師與作業員，遠遠不及台灣與中國地區的工廠人員。

最近的一例，就是台積電在美國亞力桑那州鳳凰城附近的新廠建設，考量美國的勞工法律、工會及建築營造相關工人的職場文化後，台積高層參考過去 20 年的經驗，已將完工營運的時間多加一年；沒想到建廠、設備運送，工程人力訓練都比預估需要更多時間，預定 2025 年上半年量產 4 奈米製程技術。同樣的，比美國廠晚半年宣布的日本熊本廠，卻按照進度建置，並可能比美國廠提早幾個月開始生產。

美國工程師、工廠作業工人的競爭力真的每況愈下嗎？可以透過政府有系統的訓練引導回復到 70 年代的水準嗎？答案是：不可能！因為產業競爭力的改變是漸進式的，當發覺本土的產業供應鏈技術能力遠遠不及亞洲 EMS 產業時，數十年的時光瞬間流逝，生產供應鏈各個環節的差距已大，除非台灣、中國、日韓或東南亞的供應鏈技術從此停滯不前，然後美國的工程師、作業工人能徹底改變他們的工廠文化，一切以生產品質、產能彈性與效率來配合公司競爭力考量來提升（也要數十年），可能嗎？不可能，所以，筆者結論是：

美國製造技術競爭力已難回頭。

但是，如果可以讓美國中產階級、基層技術人員稍為寬慰的是經過近十年（2012-2022）中國「國進民退」政策、地方政府強力調整最低薪資、COVID-19 三年的嚴厲管制干擾外資工廠產銷營運的諸多因素後，科技及民生產品工廠在中國的競爭力（含成本、經營環境、政策因素等）每況愈下，從 2018 年以後，紛紛將工廠移往越南、印度、印尼、泰國等地。據估計，最近 5 年以來，中國至少喪失了兩千萬以上的工廠就業人力職位，光是 EMS 第一名的富士康，在中國大陸深圳、成都、重慶的數十個工廠，最高時，雇用了一百萬人次的工程師與作業員，到了 2023 年時，已剩下不到 40 萬人！

筆者按：為了還原外界對台積電在美國亞歷桑納設廠，所謂「去台化」的疑慮，在此特別引述台積電針對亞利桑那廠 2024 年 4 月 8 日發佈的新聞稿內容：

台灣積體電路製造股份有限公司宣布，美國商務部和 TSMC Arizona 已簽署一份不具約束力的初步備忘錄（preliminary memorandum of terms, PMT），基於《晶片與科學法》（CHIPS and Science Act），TSMC Arizona 將獲得最高可達 66 億美元的直接補助。台積公司亦宣布計畫在 TSMC Arizona 設立第三座晶圓廠，以透過在美國最先進的半導體製程技術來滿足強勁的客戶需求。台積公司在亞利桑那州的第一座晶圓廠於完工方面取得良好進展，第二座晶圓廠

持續建設，隨著第三座晶圓廠的設立計畫，將使台積公司在亞利桑那州鳳凰城據點的總資本支出，超過 650 億美元，該據點為亞利桑那州史上規模最大的外國直接投資案，也是美國史上規模最大的外國在美直接綠地（greenfield）投資案。

台積公司董事長劉德音博士表示：「《晶片與科學法》為台積公司創造了機會，推動這項前所未有的投資，使我們能以在美國最先進的製造技術提供晶圓製造服務。台積公司在美國的營運讓我們能更好地協助我們的美國客戶，這其中包括了數間全球領先的科技公司。我們在美國的營運更將擴大我們的能力，以引領半導體技術的未來進步。」

台積公司總裁魏哲家博士表示：「我們很榮幸能夠支持那些身為行動裝置、人工智慧和高效能運算領域的先驅者，無論是在晶片設計、硬體系統或是軟體、演算法及大型語言模型的方面。他們是帶動最先進矽需求的創新者，而這些是台積公司所能提供的。作為他們的晶圓製造服務合作夥伴，我們將藉由提升 TSMC Arizona 在先進製程技術上的產能，來幫助他們釋放創新。我們對亞利桑那州晶圓廠迄今為止的進展感到欣喜，並將致力取得長期成功。」

TSMC Arizona 的三座晶圓廠預計將創造約 6,000 個直接的高科技、高薪工作機會，打造有助於支持充滿活力和具有競爭力的全球半導體生態系統的勞動力，讓美國的領先企業能夠透過世界一流的半導體製造服務取得在美國在地製造的先

進半導體產品。此外，根據大鳳凰城經濟發展促進會（Greater Phoenix Economic Council）的分析報告，針對這三座晶圓廠的增額投資將創造累計超過 2 萬個單次的建造工作機會，以及數以萬計的間接供應商和消費端累計的工作機會。

TSMC Arizona 的第一座晶圓廠依進度將於 2025 年上半年開始生產 4 奈米製程技術，繼先前宣布的 3 奈米技術；第二座晶圓廠亦將生產世界上最先進、採用下一世代奈米片（Nanosheet）電晶體結構的 2 奈米製程技術，預計於 2028 年開始生產；第三座晶圓廠預計將在 21 世紀 20 年代底採用 2 奈米或更先進的製程技術進行晶片生產。與台積公司所有的先進晶圓廠相同，這三座晶圓廠的潔淨室面積都約是業界一般邏輯晶圓廠的兩倍大。

台積公司實踐綠色製造，旨在成為環境友善企業的全球標準，在能源效率、節水、廢物管理和空氣污染管控等方面不斷創新。TSMC Arizona 的晶圓廠以相同的全球願景設計和建造，目標實現 90% 的水回收率；TSMC Arizona 已就達到「近零液體排放」的目標進行工業用再生水廠的設計階段，讓幾乎每一滴水都能於廠內再被利用。除了提出的 66 億美元直接補助，初步備忘錄（PMT）亦提議向台積公司提供最高可達 50 億美元的貸款。台積公司亦計劃向美國財政部就 TSMC Arizona 資本支出中符合條件的部分，申請最高可達 25% 的投資稅收抵免。台積公司維持其對長期財務目標的承諾，即營收以美元

計的年複合成長率為 15% 至 20%、毛利率達 53% 以上，且股東權益報酬率高於 25%。台積公司的所有海外投資皆須遵循台灣法規取得必要的核准。

來自我們客戶的引言（依公司名稱英文字母順序排列）：

超微董事長暨執行長蘇姿丰表示：「今天的宣布，突顯了雷蒙多部長和美國政府為了確保美國在打造更具地域多樣性和彈性的半導體供應鏈中扮演重要角色，所做出的堅定承諾。台積電長久以來所提供的先進製造產能，讓超微能夠專注於我們最擅長的領域：設計改變世界的高效能晶片。我們致力於維持與台積電的合作夥伴關係，並期待在美國生產我們最先進的晶片。」

Apple 執行長 Tim Cook 表示：「台積電處於先進半導體技術的領先位置，當這種專業知識與美國工作者的聰明才智相結合時，任何難以置信的事情都會變成可能。我們很榮幸能在台積電美國生產的拓展中發揮關鍵作用，我們將繼續在美國投資，支持美國先進製造的新時代。」

輝達創辦人暨執行長黃仁勳表示：「我們祝賀台積電的歷史性投資，並對商務部的支持給予喝采。自從輝達發明 GPU 和加速運算以來，台積電一直是我們的長期合作夥伴，如果沒有台積電，我們就不可能在人工智慧（AI）方面持續創新。我們很高興在台積電為亞利桑那州帶來其先進製造設施的同時，繼續與台積電合作。」

2024 年 7 月英特爾新一代的 CPU，出貨後發現非常高的不良率，導致下游組配廠商紛紛退貨，再次印證英特爾美國生產線技術員、工程師素質低落，品管出問題的事實。

跨國產學研發合作

其實，台積電在美日德三大國的敦請下去設廠，另一個好處就是：作為駐在國就近之便，這些生產基地除了生產製造外，順理成章的可兼作研發功能，跟當地的頂尖大學或研究機構進行合作研發。譬如美國西岸的柏克萊大學、加州理工學院、史丹福大學、或者美國的三大理工學院麻省、喬治亞與加州理工學院等優秀名校合作；日本地區：東京大學、東京工業大學、早稻田大學等一流學府；德國地區慕尼黑理工大學等優秀學府也一樣。要知道，這些一流學府或研究機構，深深了解，「先進精密晶片」扣住了未來全球各方向高科技創新技術的發展，是各種最新應用技術必然需要的關鍵元件，技術越是先進，就越需要更精密的晶片，而讓這些優秀構想能實現，成為「商品化」的階段，無疑的，台積就是全球數一數二的最適合作對象。所有創新技術進入 Pilot-Run 的階段，就必然要有台積電這樣的重要夥伴願意投入資源一起協力研發，作為第一線的接觸與合作據點。經筆者的查訪了解，日本東京大學理工學院許多博士生近來都招募進入台

積電日本研發中心，這又是台日半導體聯盟一股很重要的後續力量。

這些先進地區優秀理工人才看中的，除了台積電雄厚的研發預算以及毫不遜色的待遇以外，TSMC 近二十年在半導體應用科學研發的水準、專利都首屈一指，那種化原型新創技術成為高良率量產晶片產品的傑出能力，更是這些國家優秀大學研發實驗室的師生們，想要一窺究竟，急待學習的目標。有了這麼一大研發基地，舒適、安全又具備各種一流半導體設備，以及各種分析試驗儀器，這些國外精英人才更有意願與台積電合作。

況且，研發領域很重要的關鍵因素之一就是研究經費的充裕與持續不斷的支持。台積電除了 2023 年遭遇電腦電子產業庫存的亂流，營收及淨利受到些微影響外，它每年投資在建廠設備與研發的總費用，未曾稍減。以 AI 生成式晶片未來 10 年每年有兩位數的複合成長率，台積的營收與研發投入只會增加不會減少。依照營運的發展，再過二、三年，營收破三兆台幣的水準將是指日可待。以其研發費用佔營收至少 8% 以上的比重，將堂堂步入三千億台幣，也就是約一百億美元以上的規模。這在台灣產業培養自主研發能力的四十年以來，單獨一家企業的研發預算總量，比台灣整個國家各部會加總的預算還大，超越 MIT 一年研發的總預算金額，相信也是全球一流大學理工科系爭相參與合作研發的重要誘因。因此，

劉德音及台積經營團隊的這番抱負，很有機會，幫台灣未來，創造一個半導體或先進科技的重量級實驗室，成為各國產官學研爭相前來合作研發的重鎮，擺在數十年前而言，是不可思議的事。

全球近二十年引領許多突破性創新技術的美國麻省理工學院（MIT），在學校雄厚基金、以及許多跨國企業及富人策略性捐款下，一年研發費用非常可觀，2023 年已達到 20 億美元上下金額，可是跟台積電成長迅速的研發總預算相比，還差一大截！這也證明，台灣終於有一家企業，不僅毛利可以跟美歐一流頂尖企業相較，在研發這個領域，也可擠入全球單一民營企業的 Top 10 排名的水準，是另一項讓台灣人驕傲的事。另者，這個中心將引領全球半導體技術的研發方向與水準，若干年後，說不定會因某些突破性的研發成就，而在未來產生幾位諾貝爾獎得主。

台積研發夥伴

梅登技術中心

我們就拿台積合作夥伴應用材料（AM）為例，它擁有世界一流的半導體技術開發和客戶協作實驗室，譬如梅登技術中心（MTC）斥資數十億美元打造，是致力於先進晶片製造技術的世界一流設施。該中心每年獲一億美元再投資資金，

以確保開發尖端技術並保持業界領先地位；該中心不斷精進以快速進行測試和研發，並且爲客戶加快產品上市時間。應用材料公司 500 多名工程師 7 天 24 小時與客戶協作，爲業界帶來最新的半導體設計。

MTC 是應用材料公司創新引擎的核心。透過這座獨特的技術中心，我們從設計過程初期就可展開協作；因此，我們的進展通常比現有技術領先兩代，並可不斷開拓任何可能的全新領域。MTC 是晶圓廠也是測試實驗室，能讓客戶在同一場所測試每個製造程序。該中心配備從微影到沉積和蝕刻的 120 多種先進製程機台，以及 80 種量測和檢驗工具；其獨特的研發測試能力讓客戶如虎添翼，可加快邁向新技術、縮短研發到生產的周期，並能以更低風險讓新產品上市。

應材在台南的兩個研發中心，研究人才近千人，就近與台積電合作研發，效率與效向增進很多，就是一例。

艾司摩爾 ASML

眾所矚目的荷蘭國寶艾司摩爾（ASML）2021 年決定在台積電所在的第一座 3 奈米製造中心——台南善化附近，設立一個它在荷蘭以外的最大研發中心。原因無他，就是接近最大客戶台積電的製程基地，借地利人和之便，在研發更新一代光刻機的過程，隨時可以跟台積資深工程師協力合作，使得研發效率更快、設備更符合新一代奈米製程的特性需要。

艾司摩爾（ASML）遠在 2003 年就在台灣成立技術支援中心，特別的是；台灣是 ASML 全球唯一的光罩模組生產基地，也在南科設立了 EUV 全球技術培訓中心。蔡英文總統當時也在臉書上宣布，著眼於台灣和韓國將會是未來先進製程的關鍵之地，未來 ASML 也會把 EUV 專用的 2 奈米的量測設備落腳台灣，ASML 也證實，地點將選在新北市。

　　EUV（極紫外光曝光機）大廠 ASML（艾司摩爾）啟動在台最大投資案，規劃在新北市林口工一產業園區內新建廠區，預計最快 2026 年啟用。2023 年經濟部表示，通過台灣 ASML 逾 100 億元增資案，是繼 2022 年底 ASML 宣布林口投資案後，首次向投審會申請的增資案，主要將用於林口設廠。

　　投審會這次通過荷蘭商艾司摩爾 56 億 4655 萬元及 1 億 4000 萬歐元（折合將近新台幣 50 億元）增資台灣 ASML。根據新北市長侯友宜的認知，ASML 未來 5 年在台灣投資金額將達台幣 300 億元，ASML 林口新廠預計明年 7 月動工，這將是 ASML 在台灣最大投資金額。

　　艾司摩爾執行副總裁兼首席營運長施耐德，在林口廠開工典禮上特別感謝台灣政府持續提供半導體產業支持。台灣是世界半導體產業中領頭羊的地位，也是全球先進製程當中不可或缺的領先角色。

　　施奈德表示，艾司摩爾在台灣有 5 個廠址，員工超過 4500 人，將持續擴展團隊，包括物流及供應鏈等方面。該公

司會持續加碼投資台灣，並支持台灣的客戶群及全球半導體產業。

半導體產也人士都知道 CoWoS（Chip on Wafer on Substrate）是最先進的封裝技術，可用於 ASIC、類比晶片的製造，台積電擁有許多這方面的專利，是近年在 7 奈米以下能突破摩爾定律讓晶片堆疊成那更多線路與微小元件的關鍵技術。

台積創新館（TSMC Museum of Innovation）

位於新竹科學園區台積電總部大樓的隔壁，「台積創新館」樹立其中，這座建築物的一樓，是 TSMC 在全台灣數十座晶圓相關建築大樓唯一對外開放的地方，外界想對台積的創業歷程、企業文化、研發生產技術等進一步的了解，筆者建議您可事先申請登記，親臨現場詳細觀摩。

這個博物館內容有三大主題：

一．台積發展的轉折

台積電這家公司到底是公營還是民營？爲什麼他創辦時的董事長是官派的？張忠謀創業計劃內容包括哪些？創立過程中有遭遇哪些困難？這個館記錄並展示了張忠謀（Morris Chang）籌備台積電的諸多過程，以及數十年的發展歷史，一

步一腳印。對該公司有興趣的人士，從中可以發現許多有趣或外界不詳知的資料。例如其中一張照片是台北「小欣欣豆漿店」的外表，內行的人都知道，當年的經濟部長孫運璿、旅美半導體專家潘文淵等人，就是在這家豆漿店吃早餐，決定了台灣投入半導體產業的方針。

台積電成立至今，由於對智慧財產權種種獨家技術的保護，它所有的晶圓廠是不對外開放參觀的，但是在這座創新館卻可以飽覽台積製程各項設備的運作過程，看到晶圓廠內各種智慧「智造」（機械手臂、光纖通信、自動運輸、無人搬運車……）等的展現，看到一座座台積自動化工廠的高效率運作。

二．技術與生產龐大能量

台積電從成立以來，遭遇了多次技術是否自主創新或從跨國大廠技術移轉的考驗，在授權拿到技術專利與長期發展自有技術之間抉擇，最終，張忠謀領導下的團隊，始終如一，堅持到底，才有今天卓越技術的成就。

由於整個台積創新館的解說都是透過觸控螢幕，一層一層的搜尋，所以，有耐心的參觀者可以獲得許多豐富的資料，尤其從不同生產、研發、銷售的資料比較中，可了解台積在台灣北中南各個科學園區耕耘之深，至今在各級晶圓廠下的功夫，以及擁有的技術產能之龐大，是全球所有競爭對手難

望其背的。

　　有張照片令人印象深刻，就是到 2023 年，當初從工研院電子所移轉 6 吋晶圓廠及三百多位技術人才，除了創辦人張忠謀外，曾繁城及林錦坤至今仍在集團內工作，尤其林錦坤先生以一位區區本土大學畢業生，工作至今升到資深副總的級別，卻仍專注在工作崗位上。更難得的是，他擁有台積股票（認購及配股）數十年來，很少賣出手中股票，因此，成了張忠謀、劉德音、曾繁城以外員工持台積股票的第四名，至少有數十億的資產價值。他早可以退休悠哉的過生活，然而，一股責任及使命感驅使他至今仍在台積崗位上，這是許多台積資深主管的寫照，非常難得。

　　此外，一般從外界的口語或媒體報導中，我們知道台積每座工廠的建置都要花上幾千億台幣，數十年來，它座落在台灣北中南的數十座工廠，光是廠房設備資產就投入了台幣五、六十兆之數，從館中展示的工廠分佈、生產規模可以清楚了解，它為什麼能擁有全世界 28 奈米以下將近七成的產能，它每個月不同技術製程應對全球數百家客戶的需求，靈活的調度能力，讓人印象深刻。

三 . 企業文化與人文精神

　　台積電在今天眾多優秀的國內外電子大公司當中，其獨特的地位不是只有在其市值位列全球 Top 10、對台灣 GDP 貢

獻率超過 10% 等傑出數據而已，張忠謀為台積電建構的企業文化及人文精神，亦成為全台灣企業人士津津樂道的話題。

台積電不是一個很賺錢公司這樣的標記而已，從 1990 年代起，透過台積電成立的兩個基金會，張忠謀把奉獻盈餘、回饋社會當成是台積的使命之一。一、二十年前，台積電文教基金會就開始支持台灣的藝文環境，包括捐贈台北市文化局修復昔日台北中山北路的美國大使官邸，此處便是之後台北市文化局委由台灣知名導演侯孝賢所主持的台灣電影文化協會所經營的台北光點現址；台積電文教基金會也曾贊助雲門舞集，與其他企業共同成立基金會，催生雲門二團。從館中資料中我們知道「台積電慈善基金會」在張淑芬女士的精心營運下，對台灣的幾項災害的救濟，作了最佳示範，把錢花在刀口上，同時，它又是台積七萬多高薪員工抒發愛心與外界弱勢團體連結的平台。讓忙於工作的台積人，也有許多投入公益或支持有意義善心活動的機會，這種正向能量除了發揮七萬多員工的關注，也贏得了社會對台積人的尊敬。

台灣 Top 10 大學半導體學院

台灣的半導體產業能有今日傲世的成就，源頭要推朔到 1970 年代兩位行政領導官員李國鼎、孫運璿的高瞻遠矚，很早就開始培育電子科技人才，加上 80 年代大量理工人才赴美

深造，有相當大比例的人才從事半導體相關技術的學習，碩博士畢業後留在美國半導體產業磨練，為台灣儲備了美國本土以外最多的一群半導體人才。當台灣的 IC 設計、晶片製造、封裝測試產業鏈在 90 年代形成，急需上下游各種人才時，這一、二十年培養的人才紛紛回台，貢獻所長，使得台灣的半導體產業才能在短短的二十幾年領先各國，成為僅次於美國半導體產業規模結構的實力。

這樣的模式在台灣的科技官場早已形成共識，從 2018 年起，在台灣最高領導人蔡英文總統與行政院長蘇貞昌支持下，經濟部長沈榮津與教育部長會商，聯手催生了台灣排名於前的台大、交大、清大、成大四所大學，成立了「半導體學院」，緊接著在技職龍頭大學的前兩大──台灣科技大學、台北科技大學也成了「半導體產業學院」等，專為台灣半導體產業人才的長期培育未雨綢繆。

事實上，台灣前十名的綜合大學及科技大學，都已有專職培育半導體工程師的專門學院，從 IC 設計、製程技術研發、半導體設備研發與生產操作維護，都有一條龍的人才培育規劃。台積電出資 40 億元台幣，配合政府相對預算，作為這些半導體學院邀聘優秀師資及建置設備等的費用，這恐怕也是全球各國政府少見的特例，使得台灣未來在半導體產業的人才供應無虞，基礎建設越來越穩固，保持長期的競爭力於不墜。

緊接著同一年，美國最大的半導體設備商應用材料（Apply Material）也在台南成立美國總公司以外最大的研發中心，如今，在這二、三年之間，兩家半導體大廠的研發中心規模已達數千人，在過去70年台灣工業化發展過程中，是不可能發生的，為什麼呢？

從1964年李國鼎擔任經濟部長開始，任內引進了飛利浦、德州儀器（TI）、通用電子（GI）、RCA等幾家外商，以及設立南梓加工出口區吸引日商紛紛來設廠，幾十年之間，美日荷大廠主要還是利用台灣廉價的勞力成本，以組裝式生產為主。雖然，到了90年代後，IBM、微軟、HP等美國科技公司看到台灣優秀的工程師人力，也有研發基地的設置，但是，跟他們在印太地區各個國家設立的研發中心一樣，台灣的規模都不大，跟本國總部研發中心規模比較，相去甚遠。ASML跟應材這兩家公司這次建置的研發中心則大不相同，除了規模大出數倍之外，也把最先進的技術引進來一起研發，理由無他，就是這裡樹立一座半導體製造的大山，論生產規模、製程技術、人才充沛、資金採購金額舉世無雙，不緊緊跟進這棵大樹，會影響自己主體的營運，況且，「魚幫水，水幫魚」兩者的技術與發展息息相關。台積電到2023年，研發人才近萬人，三者環環相扣，成了命運共同體，具備大規模實力的外商，遠到台灣設立大研發的基地，這在台灣工業發展史上簡直是空前的。

不僅僅如此，因為美國與日本政府的力邀，台積電到亞力桑那州與熊本縣設廠，不止是他們看重台積電在半導體製程技術上的優勢與表現，同樣的，也希望引進先進的製程技術。所以，台積電趁這個機會，除了招訓當地的工程師群外，也就地利之便，可與當地優秀的大學進行產學合作。這種合作的範疇，當然不會劃地自限，以台積電 2023 年將近一百億美元的研發經費，美國 MIT、史丹佛、柏克萊或者日本的東京大學、東京工業大學都有合作的潛力，會針對半導體未來的各種應用與發展，進行前瞻性的研發。

　　如此，這樣的布局，自然而然的，就成了全球半導體技術研發的大聯盟。強強聯手，只有更強，既利己又利人，成了雙贏且領先的局面。

　　我們現代網路行銷都強調網紅、直銷規模要大，就是消費方的粉紅黏著度要高。同樣的，艾司摩爾、應材等半導體各設備、材料的領導廠商跟台積電一萬多名研發工程師緊密的結合，肯定是雙贏的局面。要知道，台積電這一萬多位 15 年以上經驗的工程師，他們在製造與研發領域都經歷過消費電子、通訊、高度運算電腦等不同晶片在大量生產、高良率方面的許多挑戰，從實務中產生極為可貴的訣竅經驗，也是這幾家半導體設備、材料外商最喜歡合作對象。這就像學單一武功的人想要精進，跟著懷有十八般武藝的人學，比較有機會突破一樣。

海外營運辦公室

美國亞力桑那廠、日本熊本廠，這幾年如火如荼的籌建中，預計 2024 年底到 2025 上半年，分別開始生產，緊接著還有德國廠的籌設規劃。對劉德音、魏哲家雙領導而言，海外廠的建廠與營運，是他們接班以來，最重大的決策之一，因此，只能成功不可言失敗。以台積電踏實、劍及履及的企業文化，爲了統籌管理海外公司的投資、建廠、人力調訓、各種重大營運決策，台積電總公司從 2023 年起，設立了很特別的一個功能性單位，名爲：「海外營運辦公室」。

這個海外營運辦公室是雙首長制運作以來的新創作，將來會統合美日德等台積海外分公司，在生產、行銷、財務等的協調工作，另一個重點是張忠謀所建立的台積企業文化，如何深入這些國家外籍員工的理念，成爲他們的 DNA？劉德音在接受筆者的訪問中，有兩次都強調企業文化要深植於海外員工身上。

這對跨國企業如台積來講，也是一個高難度的挑戰，筆者數十年科技產業接觸無數的中外企業印象中，也只有 IBM 這家公司做的比較到位。該公司世界各地分公司從外在的建築物、LOGO、辦公室設計，到採購制度、員工工作倫理、對外服裝及態度、內部的組織設計與輪調制度等，不分總公司或分公司，通行全球，或者可以成爲台積的參考。

4.2 組織與永續經營

從 2018 年起，創辦人張忠謀將董事長與總裁，分別交給劉德音與魏哲家，這個「雙首長制」是創辦人兼董事長張忠謀在 2018 年退休前，制定的新領導模式。劉德音擔任董事長，魏哲家擔任總裁（CEO），公司重要經營決策由兩人共同討論後，拍板決定。從這六年的運作，對外代表台積的事項發言、董事會會議、股東大會等由董事長劉德音負責，通常，魏哲家也會一併出席，但較少發言，對內三大支柱：業務、研發、生產的運作魏哲家全權負責。一般而言，兩人的分工是否有明確規範，外界不得而知，觀察起來，似乎循以上原則進行，因此，6 年來「雙首長制」證明是可行的、穩健良好的設計。

然而，劉德音於 2024 年 3 月股東大會前，拋出了 6 月股東大會後將引退的震撼彈，引起了市場、媒體的諸多傳聞，各種說法甚囂塵上。筆者以為在台積的企業文化——在公司

個人的崗位上，不求個人利益，只求忠於工作，負責任的把事情做好，這是台積人的首要原則。

在與劉德音董事長的訪問中，劉德音分享了台積公司董事會的組織架構，其中包含成立「提名及公司治理暨永續委員會」（Corporate Governance and Sustainability Committee），旨在強化董事的選任機制，建構多元化及專業化的董事會，協助董事會遴選獨立董事候選人提名名單，以及對公司治理及永續發展相關議題提供建言。（筆者按：七位由提名及公司治理暨永續委員會提名的獨董包括：美國賽靈思前執行長摩西‧蓋弗瑞洛夫、前行政院長林全、麻省理工榮譽校長拉斐爾‧萊夫、美國應用材料公司前執行長麥克‧史賓林特、英國電信前執行長彼得‧邦菲爵士、美國全錄公司前董事長烏蘇拉‧伯恩斯、沙烏地阿拉伯石油公司獨董兼審計委員會主席琳恩‧埃爾森漢斯）另外，本屆董事還有前副董事長曾繁城、國發會主委、國發基金會代表人劉鏡清，以資深董事的經驗繼續參與董事會運作，這樣的人選、安排，可說是國際企業上市公司的董事會很少有的設計，完全不會被單一大股東或董事所左右。未來，一人領導也好，雙首長制也好，由「提名及公司治理暨永續委員會」來決定，相信在這樣超然、精英群集的董事會中，會有良好的設計運作。

劉德音提到，由於台積電是全世界具代表性的公司，要得到大家的信任，必需建立公司治理的典範。

企業文化作了什麼改變嗎？

　　筆者按：個人覺得台積電最令人欽佩的成就之一，就是創辦人張忠謀建立的企業文化，在各界心目中享有極高的聲譽，TSMC 這六年世界產業經歷了許多變化。所以筆者特別請教劉董，除了加強了 ESG 這塊，從獨善其身到社會連結，除此之外，企業文化有哪些的改變嗎？

　　對此，劉德音分享到，台積電正在將其企業文化推向全世界。在台灣這 20-30 年，創辦人張忠謀在台灣把企業的核心價值建制的很好，台積電這幾年積極擴建海外晶圓廠，如何將企業文化向全球營運據點推展，顯得格外重要。劉德音認為，自己過去在半導體產業和在台積電的經歷，其實非常幸運，因為能有各種機會跟全世界的人交涉，他提到，世界是很大的。曾經有一次，台積的員工問劉德音，他對他們的期望是什麼？劉德音給了這些員工一句話：「The world is your oyster」，意即世界都是你的舞台；就是說，全世界的機會是很多的，不要以為現在就很好了，不要滿足於現狀，每個人要以世界作為他的機會。台積電目前被全球各個國家重視的狀況，這對在台灣的孩子也是很難得的機會，這些員工又是最優秀的人，應該突破在台灣的舒適圈，讓他們有更多的發展機會。

　　儘管受部分人士批評，台積設立海外廠與辦公室都是全球化裡面的一環，藉此機會也建立了員工全球化的視野。

此外，劉德音也提到了台積在技術領先（technology leadership）方面也有很大的、具挑戰性的轉變。大家對技術領先的認知不是很清楚，他提到自己以前負責業務工作時，要向客戶銷售台積的技術是很辛苦的，當時公司的技術尚未如現在處於領先位置，協商的過程充滿挑戰；而現在台積電跟客戶談未來，客戶領先，我們也才能夠領先，彼此從中互相學習成長。

筆者歸納，就台積電的技術領先而言，也可以說有很多創新的概念是來自客戶，之所以來自客戶，是因為關鍵在於技術領先；因為技術領先，在競爭中客戶想要創新能實現，只能找台積電。從過去的成熟製程到現在的先進製程的 2 奈米，客戶交給台積電就放心，簡單來講，台積電取得了客戶的信任，客戶的未來才會跟台積電攤開來討論。

要知道 TSMC 跟客戶之間，就是張忠謀建立誠信的這種關係，是非常長期扎根的。像 NVIDIA 跟台積就是其中最成功的一個例子，兩家公司之間存在長期信任、密切的合作關係。那台積電的技術進步源自於哪裡？劉德音說明，台積電的目標是釋放創新（unleash innovation）不是去跟競爭對手來較量，更不是去跟客戶競爭，創新的目的是要協助客戶在他們的領域取得成功。

筆者按：台積電工程師文化中極核心的一個精神就是資深工程師以上普遍具備「工作責任心」的內涵，即手中有未

解決的關鍵問題時，不管是上班、下班，時時刻刻都想著如
何解決？他們每個人都有這樣的榮譽心，不能因為一個小單
位的問題，而影響大團隊的績效。所以當公司發給的黑莓機
一響起，立刻加入解決問題的行列，那怕是正在跟家人旅遊
或吃飯的時刻。這是美德工程師難以想像的事，即使是日本
工程師的負責任態度，未來，能否與台積電台灣工程師們看
齊，恐怕有待長期觀察。

推動 ESG 的決心與成就

　　ESG 是環境保護（E，Environmental）、社會責任（S，
Social）以及公司治理（G，Governance），是近年各國及跨
國企業非常重視的一個領域，剛好是劉德音接任董事長後，面
對的重要議題。這幾年在劉德音、魏哲家領導下，台積電在綠
色製造領域投入的努力，可以說跟世界各大跨國卓越公司相比
而無愧。在他以「全球標竿企業」自許的崇高目標下，對「氣
候與能源」、「水管理」、「資源循環」、「空氣汙染防制」
四大領域，都投入極大的心力，足以成為國內企業的典範。
　　舉「氣候與能源」這一塊，民國 112 年台積具體表現達
成了累積節能率 14%（筆者按：工研院輔導的工業用電，95%
的工廠，年節能率只有 2-5%），再生能源使用比例佔全公司
用電量 11.2%，單位產品溫室氣體排放量（公噸－二氧化碳當

量／12吋晶圓當量－光罩數）增加31%，氣候災害造成生產中斷0天。

打從政府邀請國外風力發電大廠來台，台積電就密切注意相關產業發展，並在多數企業還在觀望態度的時候，於2020年就與沃旭簽下20年的企業購售電契約，一方面讓台積有個額外的備援電力，一方面也支持政府的風力發電政策，讓沃旭能放心並積極興建風力發電場工程。

另外，用水的部分，台積電從2015年起開始投入再生水技術研發，2022年9月「台積電南科再生水廠」完工並正式通水，預計2026年南科再生水廠產能將提升至每日供水3萬6,000立方公尺。此外，台積電亦啟動竹科再生水廠專案，預計2025年每日可供水1萬立方公尺，未來導入2奈米製程廠區及配合市政再生水供應後，可達成竹科新建廠區100%使用再生水；並訂定2030年台灣廠區再生水替代率60%以上的永續目標，以112年整體回收系統回收水量與111年相比增加33%，換算水量達2億8,635萬立方公尺。

受到全球景氣循環影響，雖然台積12吋晶圓廠在單位產品用水量方面相較於基準年（民國99年）增加了25.2%，跟目標值的降2.7%相較不太理想。然而再生水替代率卻比目標的5%提高到12%，水汙綜合指標削減率也較目標值的56%表現更好到63%。

筆者對工業節能過去多年亦有所涉獵，一般工業用電力

在公共用電如空調系統、照明系統、動力系統幾大方向，大多數企業著力較深，因為這是駐廠能源管理員的責任區塊；然而在生產製程方面，因為關係著工廠的營運績效，能源管理員位階低，難以介入改善，以至於節能績效不彰，這是國內 3,900 家工業用電大戶普遍的現象。

筆者詳細檢閱台積的 112 年永續報告書，發覺台積這幾年在劉魏雙首長努力下，已有很大突破，他們將工廠節能分成五大團隊，包括：先進製程研發廠區組、十二吋晶圓廠區組、後段封測與八吋晶圓廠區組、EUV 組及廠務組（公共能源管理），這五個節能團隊。光是製程方面的電力改善，就佔了四個團隊，而生產機台節能 112 年的改善專案子項就有 668 項之多，可說是傾公司各部門，全力進行節能。外界最詬病的 EUV 機器耗電量大，這一年團隊的努力也有效的降低了 5% 用電量。

台積的「高效能運算技術平台」在資通科技及六大智慧應用布局下有相當積極的牽引效果，根據工研院 ISTI 所的研究成果推估到了民國 119 年，台積電每用一度電生產，可為全球其他產業及民生用電減省 4.28 度電；也就是說據推估，民國 109 年至 119 年台積電協助全球節電效益從 169 億度增加至 2,354 億度。

此外，所有十幾座晶圓廠、封裝廠所產生的廢棄物，委託下包廠商處理，台積建立了一套遠端追蹤系統，確認廢棄

物的處理完全按照台積的規範，以免污染環境。2024 年整體廢棄物回收率預計可達 96% 的高水準目標。

在此，筆者要特別讚揚的，除了台積電在 ESG 各方面科學化有效的管理外，該公司投入的努力，是全面而深入的，檢討的面相報喜亦報憂，他的「永續報告書」內容揭示之詳實、圖表分析之精細、投入子項之繁雜，令人十分欽佩！讀者諸君有機會上台積官網，詳加檢閱，即可印證筆者所言不假。

表 4-1　永續績效（2023 年）

經濟	**58 億 4,600 萬元** 全年研發總支出占營收 8.5%（美元）	**100%** 美國專利獲准率近 100%，居前十大專利權人中第一	**1.86 兆元** 帶動國內 1.86 兆元產值（新台幣）、27.2 萬個就業機會	**11,895 種** 以卓越製造服務為 528 家客戶提供產品	**94%** 客戶信任滿意度
環境	**RE100** 「全球營運 100% 使用再生能源」目標提前至民國 129 年	**8.3 億度電** 新增年節能量，執行 822 項電力節能措施	**12%** 台灣廠區再生水替	**96%** 全球廢棄物回收率	**99%** 揮發性有機氣體削減率
社會	**259 萬 6,322 人次** 年度員工訓練完訓總人次	**2,398 億元** 全球員工整體薪資福利費用（新台幣）	**6,133 位** 全球新進員工	**103 萬 1,433 人次** 社會參與受益人次	**14 億 5,400 萬元** 社會參與總投入（新台幣）

資料來源：https://esg.tsmc.com/zh-Hant/file/public/c-all_112.pdf

4.3 美日德建廠與企業文化

　　二戰以來，全球最強的三個工業大國：美、日、德政府分別在這幾年捧 66、85、55 億美元給台積電，邀請他去該國設廠。只要在工業界做過幾十年事的人士都知道，這是何等不容易、又了不起的成就！創下了這三個國家，補助外國單一企業最高金額的紀錄。

　　自從 2021 年台積電在董事長劉德音、總裁魏哲家兩位領導宣布，將在美國亞歷桑納興建 12 吋先進晶片製造廠後，就一直成為中外媒體注意的焦點，等到次年，他們兩人再對外公布於日本熊本建廠的計畫後，兩個廠之間從當地政府補助、建廠進度、成本、人才招募訓練等，不斷被媒體比較與報導。

　　筆者詢問劉德音這個問題，他指出，每一個地方的人都不同，以地理環境來看，美國幅員很大，是世界大國，日本從環境來看則比較像台灣，其實台灣半導體產業 80、90 年代開始，大部分就跟日本半導體廠商合作，雙方很早就發展長

期的關係。說到半導體供應鏈，從建築、建廠工程開始，到上游液氣體材料、設備等等，早期都是靠日本，所以我們跟日本人打交道比較習慣。在美國，近十五年來並沒有先進製程的半導體建廠專案，相關人才已經往其它領域移動，就沒有相關的經驗傳承了。

但是劉德音也提到，美國工程師的學習能力是很強的，台積電為此設計了一套完整的訓練方針，從一開始到現在，整體的效率已提高三倍以上。

另外，美國的產業有工會，台積電很多下包商的工作人員隸屬於工會，美國現在的工會跟 50 年代的工會不一樣，劉德音認為，現在的工會有兩個責任，一個是保護工會會員的權益，第二個他們也知道要提升人員的素質。這兩方面其實與台積的想法是一致的，工會要做幫助當地產業發展的角色，台積經過摸索和學習，可以跟他們協商與合作。

劉德音進一步指出，兩邊的文化不一樣是當然的，但這也是台積電要學習的，要去了解怎麼樣塑造當地的員工文化，然後跟台積電的企業價值和管理經營理念結合，這是台積電仍在學習的地方。

美國工程師與工會

A 君從美國西岸名校碩士學位畢業後，在一家大型電腦公

司上班，5、6年後升到基層經理的位子，年薪12萬美元。剛好昔日一位同事在矽谷加入一個創業團隊，邀他也參與第一波的新創工作，但是薪水只有8、9萬美元，可是工作滿一年後，會有2萬股低價公司股票的認股權力，在往後的3年，每年同樣有2萬股的認股權，因為他當初薪資是打折後加入，所以公司給他認股的股票價值，只有當時市值的一半。抱著這樣的「美國科技新創夢」，他做了4年後，公司上市（IPO），股價從上市的40幾美元，一路漲到每股1百多美元，他手上已認股買入的8萬股，平均每股付出的費用不到5美元，因此，到第五年他先賣出一半股票時，扣除成本，稅前獲利有390萬美元，夠他買一座好的房子，也可充裕的幫兩個孩子儲備大學四年的學雜費，不用跟銀行貸款。身上無債一身輕，即使再過2、3年公司股價回歸到3、40美元時，將股票全賣掉後，又有近2百萬美元入帳，這時節他還不到五十歲，卻可以過著舒服的退休生活。這就是從1985-2015年那數十年，矽谷一大群創業成功、後來成為中大型企業數百萬個員工的寫照。

我們知道，1970以後美國矽谷所以能成為高科技的重鎮，領導全球50年來，從個人電腦、網際網路、智慧手機一路到這一波人工智慧普及應用發展，就是矽谷這些後來成為舉足輕重的跨國大企業，在一開始創立時，採取自由自在、幾乎沒什麼上班規範的公司氛圍，員工加班是自願而無加班費的，為什麼？因為創業者都是自願，因此也無從抗議。創辦人及

第一批主管通常都是領頭示範，日夜都在工作，公司人事福利制度也善待員工，方便員工 24 小時在公司的工作環境，除了提供各種餐點，還可打地鋪睡覺，員工所以積極、熱情，不計較工時工資，主要就是投入新創科技的那種成就感。更重要的是，除了薪水以外，這些科技新創公司大都有豐厚的股票認股權證或新創技術股，分配給所有工程師與各部門人員，一旦公司成功，頭一、二批加入的員工成為百萬、千萬美元富翁者比比都是。在這種大環境氛圍下，員工不會熱衷去搞工會，也因此，矽谷成千上萬的公司才能在無工會拖累下（要求加班費、週六日不準加班，薪資的談判等等……），發展成中大型公司，而成就今日的矽谷。

台積電美國亞力桑那廠從 2022 年籌備建廠以來，就諸多不順，先是美國聯邦政府的補助投資款，配合其「晶片保護法」的制定過程，延遲而難以確認。亞利桑那州政府的減稅措施及建廠進度，也在當地工會的若干壓力下，有所延擱。但是，對台積電美國廠的主管來講，這還不是最頭痛的事，美國工程師，合格作業員的養成，才是影響該廠長期營運成本與競爭力成敗的關鍵因素。

美國工程師的訓練和文化與台灣存在差異，是內行人周知的事，打從台積電 2005 年在美國著手經營第一座 6 吋晶圓廠時，就已遭遇過，那麼過了近 20 年，有比較改善嗎？筆者的了解是沒有多大改善，並且，隨著美國高科技產業在軟體、

網路、AI、量子科技等的成功，數十年來，優秀的理工人才除了投入華爾街高報酬的投資領域外，更大的選擇就是往亞馬遜、蘋果、Meta、特斯拉、微軟等著名科技企業，及無數的 IC 設計公司、電商、元宇宙等公司投效。即使是進不去上述知名企業的二線人才，也寧可屈就比較沒有名氣的這些產業中小型公司，很少人會選擇到高科技公司的工廠去。

爲什麼？因爲，高科技公司的工廠，就意謂著：定型化的工作型態、被制約的工作環境、按表操課 SOP 的步驟。每個人的工作內容再怎麼精密、高價值，環境再怎麼乾淨、安全、美觀，在繁密工序協力分工的規劃按部就班下，很難有天天完事的那種具體成就感。這跟從小被培養個人化、自由思想行動的美式教育人格發展，簡直格格不入。而許多現場技術人員，缺乏嚴密的工廠專業訓練，在生產線上的專業能力及效率，連台灣作業人員的一半都不到，什麼加班、輪小夜班等亞洲半導體產業晶圓工廠行之有年的工作型態，對美國工程師、作業人員簡直是天方夜譚。基層主管以上即使下班後，黑莓機隨時攜帶、待命接聽的這種責任心，更是被美國員工以侵犯隱私、違反下班後個人自由所排斥。

亞力桑那當地各種工會以保護勞工權益爲名，怠工、罷工的情況時有所聞，這種工會力量的介入，又比個人爭取權益更加複雜，這就是英特爾 2024 年上半年公布營運業績虧損連連、最新 CPU 產品故障率高、裁員 15% 的員工的背景。

2022 年台積電在美國招募的第一批工程師，從美國送到台灣台積電廠區實習訓練時，對外屢屢抱怨、批評工作內容可知一斑。筆者可以預料，訓練出來的工程師，能在三年後還留在台積亞力桑那廠的員工，不會超過三成，這跟台灣招募的台積工程師三年後的流動率 10% 以下，不可同日而語。我們都知道，一個半導體工程師從招募到成為有貢獻能力的工程師，其成本都在數百萬元以上，對公司的營運而言，都是不小的隱形成本。在亞力桑那建廠的這三年，建置成本已是台灣建廠的四倍，將來的正常營運人力成本，更在一倍以上。然而在美國其他非新創科技園區，每一州都有各種形態的產業，也有存在已久的工會組織，他們打著保護勞工的權益，才不管是聯邦極力爭取吸引的企業，一開始就介入建築、搬運、營造等傳統行業的工人行列，所謂的效率、形象等根本不在他們的考量範圍。

　　台積海外廠——不管是美國、日本或德國，建廠後的營運，為了產品品質與良率的迅速到位，最初幾年，仍需靠台積電新竹總公司，派幾百位資深工程師去支援，讓有經驗的資深工程師協助訓練當地新員工，才能最快達成營運目標。

　　可是工會居然形容台灣派來的工程師是「廉價勞工」，當地工會領袖的無知與難以妥協以及面對工會的各種談判壓力。台積電要雇用有這種豐富經驗的工會人士，否則後續的排頭還會有很多。美國亞力桑那的台積電基本上就是工廠為

本，它無法提供像矽谷軟體業、網路業、電子商務那類的工作環境，因此無法吸引大量優秀工程師進入工廠工作；即使進了工廠也無法像台灣台積電6萬多員工那樣的態度與責任心，配合交付的工作。「先天不足，後天失調」，台積電美國廠要能成功的產出像台灣十幾座晶圓廠的良率與產能，恐怕除了台灣強力、即時的支援以外，別無他法。

當然，劉德音在接受筆者的訪問時，持不同的看法，他覺得這些說法很多都與實際情況落差很大，比如對地緣政治的推測，台積前往美國設廠的決策關鍵其實還是基於客戶的需要，以客戶為中心，他們需要什麼，台積盡可能提供協助。另外在人才方面，美國仍然有許多優秀的工程師，他們的創意絕對不在台灣的工程師之下，每個地區的人才有他們各自的長處和短處，台積要學習的便是如何讓不同文化在企業核心價值的框架下得以共融。

日本工程師的素質

1983年筆者第一次踏上日本的東京，當時是日本工業的全盛時期，無論是家電業、汽車業、鋼鐵業、石化業、或者是高科技的記憶體晶片產業，日本企業憑著高品質、高效率的競爭力，一一打敗美歐這些產業。豐田在80年代躍升全球最大汽車公司，豐田社長到美國演講時，不可一世，言下日

本已成爲世界一流經濟強國。

而日本的半導體產業——記憶 IC 領域，同樣在品質與競爭力方面，在 1980-1990 年代打敗了美國記憶體大廠，搞得 IBM、Intel、德州儀器等數家大公司紛紛棄械而降，放棄了記憶 IC 生產的能力。這表示，當時的日本半導體工程師水準一流，才能在成本與良率方面領先美國這幾家大廠。

當然隔了十幾年後，韓國的三星與海力士這兩家企業，採取了大量挖角日本資深工程師、管理人員在南韓練兵，配合其政府的政策獎勵、資金貸予等多方協助下，又打敗了日本的記憶 IC 產業。

要知道，南韓經濟產業基本上是個寡頭企業盤據型態，前十大企業佔了南韓 GDP 八成以上，無論產值、資產規模、薪資競爭力，南韓中小企業跟他們沒得比，差距太大。大商社老闆運用高薪高獎金使得韓國名校畢業生精英都往這十大企業跑，一旦考核進去，爲了保住高薪飯碗，都是以「拼命三郎」的精神，沒日沒夜的工作，什麼工會、加班費等，員工之間連想都不敢想，他們又不像日本企業部門下班後又良好的聯誼溝通時段。因此，韓國高科技產業生產力高，卻是員工拼老命下的結果，使得韓國年輕人的自殺率、憂鬱症在全球名列前茅。在這種政商圍攻下，從 2000 年初開始，南韓的記憶 IC 產業崛起，日本隨之衰退。但這只是半導體產業中的一環——記憶 IC 次產業。

筆者採訪、觀察日本大科技公司多年的經驗，日本的企業文化有幾個特質至今仍然沒有多大變化：

一．長期雇傭制度

記得 1983 年，我第一次拜訪日本，在週六的晚上，從東京的涉谷、銀座等大公司的大樓樓下往上望，都還有一半以上的辦公室燈火通明，這就源自於：日企大公司課長級主管的自動奉獻精神，他們以身作則，到下班時刻沒離開，部門員工也不會離開，形成自動無薪加班的長期習慣。即使到了2020 年早已是週休二日的時代，週五晚上加班者大有人在。在長期雇傭制度保障下，即使名校畢業生，因爲工作有長期保障，只要對公司忠誠、認眞，尊重組織的運作，尤其是對直屬主管的指示唯命是從，不要跟主管爭論交付的工作任務，組織內階級或學長學弟制度分明，這樣的上班心態，那麼，就永遠不用擔心會被解雇的風險。

二．部門下班後的溝通方式

通常，正常上班時間，主管就是王，他的口頭指令或表達，即使不符效益，或方向錯誤，部屬還是照做，對領導作風強勢、不客氣的主管只能逆來順受，尤其是女性員工又比男性更吃虧一截。在日本人的文化中，女性結婚後，就應該辭掉工作，回家做一位賢妻良母，專心顧好家庭，賺錢就是先生的事。

那麼，長期在這樣的工作氛圍下，基層員工難免情緒受到壓抑，工作憤怨難以發洩怎麼辦？還好，各中大型公司都會給主管編列業務應酬預算，在下班後，部門同仁不分男女，跟著主管去吃晚餐。晚餐都簡單，通常還會第二攤去喝酒，在這樣一、二攤的晚餐時間，同仁們漫無目的的哈拉一番，這時候，卻是部屬與主管、同仁之間溝通、交心的重要時刻。很多白天不敢提的話，就借酒壯膽的借題發揮，跟主管或同事直率的表達工作的一些問題，不會喝酒的同仁還是會叫杯酒，裝模作樣，不必真的喝，只是合群。這樣的溝通方式十分有用，也避免了資淺員工的流動率或憂鬱症。

三.員工學習與團隊合作精神良好

　　我們記得，美式工廠制度在 60 年代，獨領全球工業界風騷，什麼「六個標準差」、「管理」、「全面品管（TQM）」等都是包括日本在內，亞洲四小龍學習的對象。日本企業卻在深入學習後「青出於藍」，在產品及工廠管理方面，獨具慧眼，例如石川馨、田口玄一等專業前輩更將生產管理的理論與實務結合，更上層樓，發展獨特的日式工廠管理。其中還有一個很重要的關鍵就是：從現場作業員到工程師、生產主管，每個人都把他自己的工作當成是自己的責任，務求做到品質、良率、效率最完善的工作目標。

　　日本優秀大學生願意到工業界服務，對半導體工廠的學

習也不例外，日式工廠很注重由下而上的提案式管理、改善專案制度，這種形之有年的企業文化，對晶圓代工產業這種十分重視「現場管理」——解決現場問題的能力與責任的要求來說，十分契合。

四．日本企業沒有工會問題

台積電到美國設廠，除了優秀工程師養成十分不易外，「工會」力量的干擾運作，常常是管理方非常頭痛的問題。同樣的，台積電在日本熊本縣的工廠，也因沒有工會在前頭引導運作，得以迅速的建廠、營運。

但是，入鄉隨俗，將來台積電日本熊本廠也應做些改變，譬如：每週五下午提早一小時部門同時下班，主管帶著去吃飯、輕鬆幾個小時，讓工程師與主管之間，有溝通消化壓力的時刻，雖然損失一點工作時間，卻對部門的溝通運作與生產力大大有利。

由於晶圓製造服務產業是台積電 1987 年成立之後才開始的新創產業，因此，日本也好，南韓也好，並無這樣的公司與技術人才。也只有到 2005 年台積電的生意越做越大，毛利也因技術的精進也水漲船高，使得三星與英特爾兩家公司，從主體事業撥出一部分人力，學習承接晶片製造服務的生意。然而，基本上最大的資金與技術人員還是在他們的本業上（記憶 IC 與 CPU）這種半吊子的心態。當然跟台積電百分之百專

　　　　　　　　　　台積電制霸全球未來 ▲▲

業，所有人力與資金都投入晶圓製造服務的業務、研發無法
競爭，雙方之間的技術差距、營運規模，等到 2020 年以後，
發覺晶圓製造服務比記憶 IC 生意穩定，毛利又高，想急起猛
追，卻已落後太遠了。

　　從上面的分析，我們覺得日本的工程師、作業員的特性；
無論是他們在工廠第一線現場的敬業、學習態度，或對新技
術、改善製程流程的精神，十分契合台積的需要。比較起美
德兩國工程師等技術人力，是最有可朔性、也最容易培養成
爲成熟半導體工程師的最佳地區，我們且拭目以待。

台歐大聯盟

　　從 2021 年 7 月開始，歐盟的老大──德國邀請台積電前
往該國設廠的傳聞甚囂塵上，2023 年 3 月中德國教育及研究
部長史搭克・瓦克辛格來華訪問，除了與台灣主掌科技的國
科會簽訂合作研究協議（當然，重點之一即半導體技術）外，
她還悄悄的前往新竹台積電總部探底。這種工業大老、部長
級官員打破數十年的禁忌頻頻來台灣訪問交流，在 2022-2023
短短的七、八個月，來訪的德國官員就有五批之多。德國科
技產學研各界，十分了解台灣在 ICT 產業確有領先設計、製
造的諸多實力，透過德台科技的具體交流，對協助德國汽車、
機械、石化製造走向智慧化，具有實質上的具體助攻力量。

千呼萬喚，2023 年 8 月 8 日父親節這一天，由台積電及歐洲三大公司：羅伯特博世（Robert Bosch GmbH）、英飛凌科技（Infineon）、恩智浦（NXP Semiconductors N.V.）共同宣布「歐洲半導體製造公司（ESMC）」正式成立，它包括了幾個要點：

第一、總投資額預估超過 100 億歐元（據了解，德國政府補助 1500 億台幣），台積電佔 70% 股份，其他三家：羅伯特博世（Robert Bosch GmbH）、英飛凌科技（Infineon）、恩智浦（NXP Semiconductors N.V.）各佔 10% 股份。工廠地點位於德國德勒斯登市。

第二、初期主要產品為 28/22 奈米平面互補金屬氧化物半導體（CMOS），及 16/12 奈米鰭式場效電晶體（FinFET）製程技術，月產能 4 萬片的 12 吋 300mm 晶圓。

第三、ESMC 預訂 2024 年下半年開始建造第一座晶圓廠，並於 2027 年底開始生產。有趣的是於 8 月 8 日發佈的新聞稿，是由台積電、博世、英飛凌及恩智浦共同宣布，然後聲明這跨國投資合盟是在「歐洲晶片法」架構下的合資合作，歐盟或德國政府最終補助多少金額未完全敲定。

關於博世（羅伯特博 Robert Bosch GmbH）

博世集團為全球科技及服務的領導廠商。截至 2022 年 12 月 31 日，博世集團全球員工人數約為 42 萬 1 千人，2022 年

博世集團營業額為 882 億歐元。博世擁有四大事業群：交通解決方案、工業科技、消費性產品，以及能源暨建築智能科技領域。身為物聯網領域的領導公司，博世提供智慧家庭、工業聯網和聯網交通等創新解決方案，旨在打造永續、安全和振奮人心的未來交通移動願景。

博世擁有在感測器科技、軟體與服務的專業，同時擁有自己的物聯網雲端系統，以單一窗口提供客戶聯網、跨域解決方案。博世集團的企業發展目標為透過包含人工智慧在內的創新與激發熱情的產品與服務，在全球創造聯網生活並提升生活品質。簡而言之，博世打造了「科技成就生活之美」的先進科技。集團包括羅伯特博世公司（Robert Bosch GmbH）及遍佈 60 多個國家的 470 多家分公司和區域性公司。若將其銷售和服務夥伴涵蓋在內，博世的業務幾乎遍及全球所有國家。自 2020 年第一季起，博世集團全球逾 400 個據點已達成碳中和。博世未來發展的基礎在於其創新能力，全球共有約 85,500 位研發人員，其中包含約 44,000 名軟體工程師，在 136 個據點進行研發相關的工作。

經過各方分析，台積電決定在德國設廠，技術重心跟日本熊本縣相類似，將是以 22/28 奈米的成熟製程為起頭，供應德國兩大工業重鎮——汽車業與精密機械設備產業的需要。廠址最後決定設在素有「歐洲矽谷」之稱的薩克森邦。這裡聚集了德國最多的半導體人才與研究基地，對於台積電設廠

第一要務，合適的半導體工程師人才的招收與培訓，相當重要。

2023 年 8 月台積電與歐洲三大公司同一天共同發佈新聞稿，宣示德國廠的合作敲定，未來，台積電「剛好」在全球工業、高科技最發達的美日德三個大國都有設廠，於是乎，三地的工程師、作業人力的素質與管理，就成了未來十年，工業管理專家相當矚目比較的焦點。

我們知道歐洲數十個文明國家，發展工業最早的就是英法德義幾個工業大國，在二戰後，這幾個國家也在汽車、石化、機械、家電用品各產業領域有極優秀的表現。可惜的是，近二十幾年來，英法義三國的傳統產業逐漸移至亞洲而減弱，雖然德國的福斯、巴斯可等汽車、石化大廠也把重心移到亞洲，畢竟在本國還是保留相當規模的工廠營運，尤其德國中型製造業的隱形冠軍散佈在各行各業，是支撐德國工業的一股重要力量。

德國工程師的特質

百年來德國工業非常重視人力素質，他們有幾個特色：

一. 技術非常專業

德國工程師以其深厚的技術專業聞名，德國有許多優秀的理工大學像慕尼黑工業大學、科隆大學、德雷斯頓工業大

學、卡魯理工學院、柏林工業大學、亞琛工業大學等數十所以理工專長的一流大學，每年培養數萬名深具潛力的大學生，他們在大學裡除了理論訓練外，養成過程極重視與工業界的實務結合，因此，常常能以實用的態度來看待問題，發展出對產品品質與實用性的能力。

二.團隊合作的工作文化

德國工程師從成長開始就培養團隊合作的習慣，樂意分享工作的心得與成果，對晶圓代工產業工序繁多，要求很高良率的工作型態，這種團隊協力合作的精神非常重要。

三.德國工程師自律度高

德國工程師的特質之一，就是他們能夠在組織設定的大目標下，設定自己的目標，按照時程努力完成。此外，他們學習態度強，常常對新創技術抱著隨時吸收、培訓的觀念，能跟進產業的最新技術發展，這是美國工程師做不到的地方。

當然，近來從台灣去德國唸書工作的年輕人反應，因為，德國近二十幾年來吸納了數百萬來自非洲、東歐、亞洲的許多移民或難民，德國大學又是全免學雜費，因此，移民第二代接受大學，尤其是理工背景科系的人數大幅增加。在工廠內常常看到聯合國的縮影，從作業員到工程師、管理人員涵蓋了各個種族、膚色的員工，工程師的素質難免受到影響，對於派去德

廠支援的主管在領導方面，就需要格外用心與管理方法。

筆者以為，雖然這幾年德國媒體頻頻報導德國工業界技術人力不足，然而，到了 2026 年德國廠開始營運前，台積電的薪資水準會更超越 2023 年的平均每人薪資 320 萬元（10 萬多美元），而漲到 13-14 萬美元年均薪，未滿三年經驗的新人進去台積電可以有這樣的薪資，在歐洲而言，已很有競爭力。所以，吸引該地區前一、二十所大學理工人才，前進 TSMC 晶圓廠工作並非難事；並且，除了薪資水準有競爭力外，台積電在全球領先的晶圓製造技術能力、以及每年投資近 100 億美元在新興科技領域的這些現實，正是吸引德國許多理工人才，有志往半導體產業學習的最佳目標。

然而，台積晶圓廠在德國設廠最需克服的，其實是工會對勞工的權益保障問題，這方面，即使是台灣最大的面板廠友達董事長李昆耀，多年前，在購併德國西門子手機廠時，吃過工會的大虧，賠了數百億元台幣。

在德國，確保工廠員工的工作環境安全、健康，提供符合法律規定的工時和休息規定，以及嚴格的工時限制，要求員工的工作與生活平衡，是工會對勞工會員權益的基本原則。並且，工會強調要與公司共同協商，這中間的法令還包括勞工法、稅務法和環境法規等。包涵確保員工的勞動權益和合法的工資支付，並遵守環保標準。

看起來，這些內容所規範的要求，都是言之有理。然而，

「隔行如隔山」這個「行」指的就是不同的國家地區，台德兩地對所謂的「勞工權益」——從上班的型式，能不能有小夜班？能不能週六日輪班或加班？譬如德國要求勞工工時在 35-40 小時，這是鐵一般的定律，可以為台積開方便之門嗎？至於女性員工懷孕時有何保障？下班後非正式的聯繫、約制，放棄年休假換取獎金……等等，有哪些是可以透過工會協商的，有哪些是違反當地勞工法或規定，沒得商量的？最終，不能做的，或協商後可以做的，都是總成本的增加，而影響營運競爭力。

較大的方面，德國工會通常會要求在公司的董監席位中，有一席監事席位，這樣在討論公司員工薪資、獎金、紅利或休假制度的決定時，可以直接參與公司決策。是否能被台積電接受？也需要協商。

但是比較起美國的工會，德國工會領袖多半也是工人、工程師出身，對於企業維持高度競爭力的思維，也能身同感受。因此，台積在德國廠的高層能深入了解當地工會特性，放下身段，信守承諾，建立彼此的信任關係，說不定，工會反而會成為營運的一大助力呢。

劉德音對海外工程師的看法

在筆者所寫的《學李國鼎做事》一書中提到，最早是孫運璿擔任行政院長時，主張設立科學園區，目標是要建設一

個全國性的高科技研發基地，但是當時曲高和寡。記得那時候筆者到竹科跑新聞，園區根本沒幾家，因為你規定公司設立相關 R&D 的條件那麼多，企業光是營運能活下去就不錯了，哪有財力、時間做研發。後來李國鼎問了幾個人，包括石滋宜（跟筆者透露），他們跟 KT 說要開放園區可以製造科技產品，先讓企業賺錢，才會有研發的預算。因此就改變了新竹科學園區的生態。2000 年以前，那時候園區有一段時間宏碁是最大的廠，一、二萬坪工廠生產 PC，後來到 2000 年以後，PC 供應鏈因成本極缺工等問題，大量轉移到中國大陸，竹科才漸漸變成半導體產業跟光電面板產業為重心的基地。

劉德音也指出，今天科學園區研發規模、預算還是很少，台積電是被環境壓力追趕，才進步到這個階段。如今，台積電的研發預算幾乎超過全世界的半導體產業，所以我們非這樣做不可；因為我們不能只是跟競爭者比較，以為這樣就可以了，我們必須要看我們客戶未來的需求，去摸索研發。

筆者過往也接觸過很多美日企業，三十幾年前帶一個記者團去看加州的 HP 工廠，我那時候就覺得美國工廠製造業不行了啦，哪有生產線是這樣彎彎曲曲的布置，生產工人的崗位上還擺家人照片、裝飾，顯得散漫無效率；更何況到晶密晶片製造，怎麼容許現場放置私人物品？因此，我覺得美國生產線工人是不容易訓練。你叫工程師一天八小時穿那個無菌無塵衣在現場，我也覺得很難耶，你要找到這麼一群人，雖然你給他

高薪，兩倍的薪水我覺得都很不容易。另外，還有三班制，還要加班，隨時待命，也是很不容易。但是日本，我二月到日本熊本訪問，跟許多人談，覺得日本工程師耐操、服從上面的命令、很有責任心，所以這一點會跟台灣的工程師是很類似的。而且一旦對他們有興趣的先進專業，他們覺得可以吸收到新知識，在服氣的前提下，他們會全心投入。所以我對熊本廠或者是在未來再蓋第三、第四廠，很有信心，我覺得日本工程師很可以同性質地發展，但美國工程師我是覺得很悲觀。

針對美日人才的比較，劉德音認為，兩地不太一樣，即使是現在的台積電，也早已經不是像大家刻板印象中的，需要穿無塵衣在潔淨室中一待就要七、八個小時，工程師和產線的作業人員等大多數時間都不在生產線現場。台積電近年的做法是，透過中央控制系統，就可以進行生產流程的監控與管理，這在美國等海外廠區也一樣，2022 年，台積電在海內外廠區同步建置支援「全球製造與管理平台」，並透過五大策略「敏捷製造（Agile Manufacturing）、精準製程控制（Precise Process Control）、極大化機台效率（Maximum Tool Productivity）、優化人員效率（Optimize People Efficiency）、製造手法與生產參數一致性（Consistent Manufacturing）」，持續推動數位轉型與數位工廠。

就半導體製造產業而言，劉德音表示，三班制仍有其必要，但可確定的是同仁不再需要連續 8 小時都穿著無塵衣待

在潔淨室內，甚至，台積電也開始發展遠距辦公的方法。傳統晶圓製造產業的工作型態正在逐漸轉變。

劉德音舉例，台積電在跟外商夥伴合作的過程中發現，階層化的模組式工作劃分將有助於更有效率地管理龐大且複雜的工作流程或專案，這取決於具系統性的分析和協作；同樣的，台積也可以運用這樣的系統管理邏輯，來執行更先進的生產工作。另一方面，AI 技術的導入也有助於晶圓製造流程的優化，透過導入智慧化生產，將能夠充分地幫助工程師用最具效率的方式，找到解決問題的途徑。

劉德音回憶道，以前的台積電要求參與建廠的每一個人都要學習十八般武藝，什麼都要會，工時也很長；但這些年來，台積電的組織系統正在改變，將不同的事情交給各自專長的工程師來做，例如，有部分的人具備非常創新的能力，另一部分的人需要懂得建立系統，還有一部分的人負責執行等。

筆者以美國廠的運作還在調整中，請教劉德音董事長：他認為美國廠還是可以正常運作嗎？他回答：是的，我覺得美國有美國得長處和缺點，日本也有日本的長處和缺點。

資深技術團隊仍為台積競爭核心

講到技術團隊，在筆者第一本書裡面有特別指出，台積

電擁有一個一萬多人、二十年以上技術經驗資歷的技術團隊，這是非常寶貴的資產，是 Intel、Samsung 等競爭公司都沒有的。為什麼呢？因為觀察台灣科技產業那麼多年，這一萬多人十八般武藝都會，他們從消費電子的晶片、電腦晶片、智慧手機晶片到 AI 晶片，一路做過來，然後又做生產、又做研發，我知道台積內部有輪調制度；所以這些人，從生產到研發，從不同功能的晶片做到現在，練了十八般武藝於一身。一萬多個人，其實說十五、二十年還算年輕，有的已經二、三十年了，所以這些人在十幾年內都要陸續退休，這樣公認最負責任、最拼的強大技術團隊要退休。然後我們都知道，張忠謀也講過，四、五、六年級都是非常負責任、非常有紀律的，可是七年級、八年級接上來的話，這一點台積高層不擔心嗎？

劉德音的看法有些不同，他表示完全沒有這樣的想法。因為一個組織是一層一層傳承下去的，他看到員工的創新能力有很多也是年輕一輩所發想，優秀的中基層主管也是被訓練出來的，歷經二、三十年的訓練，然後他們也往下訓練年輕的一輩，每一代都有每一代的長處，也有每一代的短處。劉德音表示，這就如同他的上一代總是從他們的長處來分享經驗，在這樣的情況下，自己這一輩確實不如上一代，因為他們有很多自己所沒有的長處，「可是我們有我們的長處啊」，劉德音分享到，自己對下一代也是這樣的看法，而且針對不同世代應該要

有不同的管理方法。因此，台積電針對不同層級的主管一直都設有各式訓練課程，台積電尊重不同的世代，劉德音說，「絕對不能認為自己懂他們。我都跟那些中階主管講，他們不懂他們的工程師。」主管們也都體會到自己的管理經驗有其極限，唯有彼此交流與學習，台積電才能不斷進步。

第五章 ■■■■

地緣政治對台積電影響

筆者專訪總統府資政沈榮津。

筆者跟台灣 DRAM 教父高啟全（右一）的近照。

這個地球七十幾億人類，二戰後近幾年，大約面臨環境挑戰最大的時刻；除了氣候暖化，造成各個國家每年無數的炎熱引起的火災、暴雨洪水、異常乾旱、災難外，地緣政治也格外的劍拔弩張。政治上極權與民主兩大政體陣營，互相拉扯、對立，大量的網路冷戰──認知作戰大行其道，大國領導人各自為其最佳利益布局，置數十億窮苦國家人民而不顧，以往最被視為人道主義的美歐移民政策，不斷內縮、限制，民主國家因反對移民的極右派勢力逐漸壯大；加上俄烏戰爭、以色列對加薩走廊不停的戰爭攻擊，都造成數十乃至上百萬人口失去家園。

存在於各國之間意識形態、軍事、政治、經濟、科技的對抗，看來短期內難以改變，無論從環境變化、軍事衝突、政治對立幾大趨勢的發展來看，全球有智慧、有格局的領導人，如果不盡快共同努力，改變地緣現狀，地球逐漸往再一次滅絕的方向前進，似乎已不可避免。

5-1 美中牽動台積的三大走向 ▮▮▮

　　自從川普 2017 年當選美國總統以來，對中國實施貿易關稅政策，以及隨後的科技輸出管制，使得中美之間政治經濟合作關係，成了翻天覆地的變化。台積電這幾年夾在中美兩個大國經貿科技對抗中間，首當其衝。這幾年發生了川普口中讓美國再次偉大——製造業移回美國、制裁華為等中國科技大廠、COVID-19 肆虐全球等事件，面對地緣政治變化，劉德音表示，近年來整體大環境的變化太大，台灣一定要去面對，不能躲。以台積電而言，就是要面對客戶，傾聽他們的需求、站在他們的角度去思考。劉德音表示，「我們腳下踏的地板已不是平的」，各國政要都有自己代表的地方利益，不同的利益產生不同的要求；但台積電不跟著政治走，而是以客戶的需要為原則，客戶地緣政治的影響下需要什麼，台積電盡量滿足他、支持他。

　　中美兩個大國的貿易、科技對抗，美國宣布了先進晶片

管制（邏輯製程 16 奈米以下）法規，面對這樣的科技管制改變，台積電內部開始建立一套應變的準則。當法規或環境一旦變化，從採購原料開始到安排製程等，可以很快地應變。台積的定調就是：要遵守法令，遵守營運所在地的政府相關規定與法律，這是基本原則。在這樣的前提之下，台積電的處理原則就變得很單純，法令頒布後該怎麼做，都區分的很清楚。

其次，劉德音也強調，台積電到美國亞利桑那州設廠，是因應客戶的需求，台積電堅持的原則是：一切以客戶的需求為主要考量因素，因此，我們決定去哪裡設廠、導入什麼樣的製程技術，都是因應客戶的需求而定。

筆者按：本書內容其實已經有一部分談到，並分析台積電為什麼要到熊本設廠、到 Arizona 設廠，從筆者的觀點看，我認為美國設第二、三廠，是因應軍工產業的需要，屬於國防機密。我在第一章開宗明義地講，為什麼愛國者可以打下來，俄羅斯的十七顆超音速被愛國者打下十二顆，原先我們認為俄羅斯超音速飛彈很厲害，俄烏戰爭大概幾天就結束了，沒想到美國可以用具備高級晶片的傳統武器來應付現代化戰爭。

可顯見的，因為美國要繼續保持這個優勢，他一定要將先進武器內的精密晶片都在他的掌握之下；但是你在台灣生產他就管不到，這是作者的觀點。

中國客戶訂單流失的事件

　　2019 年前後，川普以美國總統的權力，接二連三對中國使出貿易殺手鐧，實施針對中國的高科技技術出口禁令，從事後的發展看來，台灣執政黨趁機推出台商將高階資通產品移回台灣的策略，雙管齊下使得大陸近二十年來高科技迅速成長的態勢為之丕變。而其中半民半官身分的華為，可說是中美貿易科技對抗下，最大的受害者，讓這家大公司一夕之間，從世界最具發展潛力、中國最大的電信、消費電子製造商，掉到幾乎瀕臨停產的邊緣。還好，中國政府適時的幫忙及引導，讓他又站了起來。然而，今天的華為跟 2018 年以前的態勢已大不一樣，其中之一，就是台積電依照美國科技管制禁令，16 奈米以下先進晶片製程，不能繼續提供給受出口管制的中國企業，因此受影響企業的所有高階手機、5G 通信設備都因無法取得高階晶片，而停產或減少規模。這種因政策嚴重影響大企業的營運，可能是二戰後最具代表性的事件。（備註：由於台積電內部嚴格規定不能評論客戶，故以下提及的廠商名字，一律以中國企業來標示）

　　當初台積電針對美國制裁中國企業，如何應變？劉德音指出，美國政府的貿易科技禁令（批准出口與否）確實是件大事，一旦有客戶受到出口管制的影響，對台積電來說，就是一夕之間影響到營收。

除了依照規定停止供應，對於台積電來說，之後的生產排程也很複雜，由於台積電是全球先進晶圓製造服務的領導者，當大家聽到中國企業被禁止的消息，就會認為空出來的產能是自己的生意機會。對此，台積電的做法是：與客戶進行非常密切的討論，分析他們的需求、競爭趨勢，以及整體市場狀況。台積電有一個很強的總體市場工具，針對特定產業的成長進行通盤分析，幫助判斷與決策。

筆者按：在筆者所著《台積電為什麼神？》這本書內容中，第一次揭露台積電擁有一個很厲害的半導體產業即時分析資料庫，能把全球半導體產業總體、個體的資料，包括產品規格、產量、銷量、價格、成本都建置在內；還包括各種半導體技術的發展與趨勢，專利與訴訟等等。使得公司業務主管面對客戶團隊，一齊坐下來談產能、價格時，不僅很清楚的提出競爭分析、價格基礎，還會對客戶不同晶片的下單量，提出增減的建議。正因為它掌握了所有內部產能分析、絕大部分半導體產業晶片的供需狀況，可以適時的給客戶精確、合理建議，華為訂單停止後產能分配即按照上述原則來處理。

百年一遇 COVID-19 事件

筆者按：COVID-19 事件是近百年來，人類前所未有的遭遇，雖然它不是政治事件，卻因源頭從中國武漢引起，進而

延燒到全球，也算是地緣政經局勢的一環。

　　從事件發生到後來，外界沸聲不斷，台積電在這中間扮演什麼樣的角色？筆者也趁訪談期間向劉德音董事長詢問當時的歷程。

　　劉德音回憶，COVID-19 疫情剛開始時，台灣因為防範措施發起的早，邊境很早就關閉，晚了美國 9 個月的時間才受到較嚴重的疫情衝擊。當時海外疫情很嚴重，醫院人滿為患，醫療器材相當缺乏，台積電透過全球採購系統取得醫療用品、器材等，以支援全球有需要的客戶及夥伴。

　　到了疫苗問世階段，當美國、歐洲等地陸續取得疫苗，台灣仍沒有疫苗可以施打，全台灣都很焦慮。劉德音回憶，我們的員工大多數是年輕人，但依照當時疫苗的施打順序，年輕人的排序是靠後的，因此台積電開始想辦法，研究要怎麼樣能夠取得疫苗。

　　這其實是很困難的一件事，因為疫苗在當時大多來不及取得 FDA 核准，大多仰賴「緊急授權」。全世界有兩種緊急授權系統，一種是像美國，由國會緊急授權他的盟友國，如北約成員國；另外一種是由聯合國授權給貧窮國家。而台灣剛好處在中間，不是這兩種系統優先授權疫苗的對象。

　　劉德音回憶，為了取得疫苗，台積電嘗試過各種方法，採購同仁非常努力地洽詢和協商各種可能的機會，最後是以人道主義為基礎。台積電展現誠信正直的企業價值，獲得各

界的信任，成功取得疫苗。

　　筆者對這個事件的感觸是：公司的誠信很重要。由於台積電從創辦人張忠謀開始，建立了國內外各界政要、企業夥伴、客戶之間長期密切而誠信的關係；所以，一旦進行這種特殊的接觸，往往能得到他們的充分信任，才能順利取得結果。劉德音也在採訪中提到，影響力需要從平常就開始培養，不只是在半導體領域，各個領域都一樣。

5.2 中國傾全國之力是威脅嗎？

專訪：台灣 DRAM 教父高啟全

　　要了解中國半導體產業發展與面臨的挑戰，筆者認爲沒有在比高啟全先生更適合了。2024 年 06 月 25 日，在他松江路的寓所訪問他。他爲何被稱爲「台灣 DRAM 教父」？與中國大陸半導體產業的淵源？大陸半導體產業面臨的挑戰與發展如何？他來說明特別貼切。

　　當筆者與前華亞科董事長高啟全暢聊一生事業後，深深覺得他以被稱爲「台灣 DRAM 教父」的美譽當之無愧！他的事業經歷簡直是一部活生生的記憶 IC 產業史！從 1979 年進入美國飛捷（Fairchild）半導體公司開始，一直到 2024 年的現在，45 年的職場經歷從美國、台灣、南韓、日本到中國，全球這五國國家、地區，記憶體產業最輝煌、最慘澹的階段，他都經歷過，並且，深入其中。有趣的是，他半導體生涯中，

有兩次與台積電有過交集,卻未深耕晶圓代工這領域。

這個訪問後半段聚焦在中國大陸半導體產業這一塊,究竟,在美國高科技輸出中國嚴格管制之下,未來中國半導體產業發展的潛力,是否繼續或停滯?未來十年,在晶圓代工這一塊能對台積電產生威脅嗎?且聽高啟全為讀者諸君娓娓道來。

筆者問:進入正題之前,可否談談您這一生職場與半導體產業的結緣經歷?

高啟全(以下簡稱高):我在台灣時是唸台大化學系,到美國唸研究所仍然是化工碩士,為何會進入半導體公司飛捷(Fairchild)?旁邊的同事不是柏克萊的材料博士,就是史丹福的物理博士,開始時,也是一頭霧水,就問錄取我的主管,公司為什麼會錄取我?他就說:我們也在嘗試用不同背景的人,看看在奇發突想下,能不能用不同的方法改善良率?進飛捷做的是半導體整合的研究,是個很有意思的工作,不像化工那樣的死板,1979 進去,做了 3 年後,團隊研究仍然沒有突破,覺得沒有成就感,1982 就離開。

當時,飛捷是採雙極性晶體管(Bipolar Junction Transistor, BJT)的競爭技術,主要包括場效應晶體管(Field-Effect Transistor, FET)和金氧半導體場效應電晶體(Metal-Oxide-Semiconductor Field-Effect Transistor, MOSFET)。

飛捷做了三年轉到英特爾(Intel),英特爾採用的是CMOS(互補式金氧半導體)技術,後來成為現代集成電路的

主流。CMOS 技術具有低功耗、高集成度和良好的抗干擾能力，因此在數字邏輯電路、微處理器和記憶體等方面得到了廣泛應用，我就做的很有興趣。

在兩家半導體公司做了 6 年的 DRAM（記憶體晶片）後，有個機會，幾位台灣來美國的飛捷同事，在當時李國鼎先生的號召下，回到台灣的新竹科學園區創立華智半導體公司（Design house），邀我加入，記得當時 1984 年底回台時是第 21 號員工。華智與茂矽、國善三家是竹科第一批歸國學人創設的半導體公司，前兩家的創業團隊都來自飛捷，國善電子則是英特爾過來的。

我當時跟工研院合作 4 吋 DRAM 晶圓廠的計畫，負責生產，華智後來沒錢，賣給了韓國的海力士的前身「芬代」，它後來再賣給日本 Sony OKI，因為兩次轉賣的緣故，所以我三十幾歲時就被派去日韓這兩家公司擔任顧問的工作各一年，後來跟他們都維持長期良好的關係。

筆者按：李國鼎當時為這三家新創半導體公司，向政府要一大筆錢蓋晶圓廠，著急的不得了，當初行政院如果答應三家各成立晶圓製造廠的話，需要一大筆重複投資建廠的資金，政府不好處理。於是乎，當張忠謀 1986 回台接工研院院長時，李國鼎就交代他，規劃興建一座晶圓廠，同時滿足這三家歸國專家團隊生產的需要。要知道，李國鼎從美國找這群專家回到台灣創業，非常不容易，政府一定要協助他們成功，否則，一旦因為

　　　　　　　　台積電制霸全球未來 ▲

沒有製造基地，三家公司設計出來的晶片無以為繼時，他們生存不下去，紛紛回美國半導體大公司工作，那麼新竹科學園區想發展自主半導體產業的目標就落空了，所以成敗在此一舉。

高：1987年台積電成立，台積電副董事長曾繁城找我去負責生產，初期TSMC什麼都做，也做過DRAM，後來就聚焦晶圓代工。在台積電時，擔任生產線廠長的工作，近三年的時間。在這之前，我一直有創業的念頭，當1989年吳敏求找我討論創業的可能性，不久之後，兩人決定創立旺宏電子。1990年初期公司經營重點仍是DRAM，雙方合作了五年，一開始資金是8億，不太夠，再增資20億，資金籌措不太順，差一點就倒了，後來安然度過。1995年公司上市，營運頭幾年也賺了很多錢，後來，因為我們兩人對公司發展的理念不同，我就賣出了我的股份，離開旺宏。

筆者：從旺宏創業過程當中，您給年輕人的建議是什麼？

高：如果要給年輕人創業時的建議，我會覺得創業合夥人彼此要了解，理念是否一致很重要，當然，在資金需求還不大的時候，要趕快創業，像DRAM，我們創辦初期不到10億，到了2004年，新創DRAM公司動輒百億台幣起跳，要募資就不是那麼容易。

筆者：所以您後來決定參與台塑集團？

高：是的，我覺得台塑集團資金雄厚，比較可以在DRAM這塊領域來發揮。所以，1995年南亞剛成立，決定發

展 DRAM 產業，總經理王文洋邀請我去擔任資深副總的職務，管生產，我就答應了。那時南亞跟 OKI 合作研製 DRAM 產品，王文洋先生很聰明，台塑集團許多跟電子、半導體有關的事業發展，都是在他引導下發展出來。

筆者按：台塑近年三家石化上下游公司台塑、南亞、台灣化纖都面臨中國大陸石化廠產能數倍大的低價競爭，營收、利潤節節下降，未來發展亮出紅燈。唯有南亞電子材料事業部從電路板、各種電子材料越做越大，成為台灣半導體產業、資通產業主要供應鏈的一環，將來隨著這兩大領域的發展，能帶動台塑集團更加壯大。

高：南亞 DRAM 記憶體產業資本越做越大，我是擔任執行副總職務管生產，十年後，到了 2004 年，南亞跟德國西門子合資（雙方各出 50% 資金）成立華亞科技，西門子是當時歐洲最大的記憶 IC 企業，在 DRAM 的技術比南亞強很多，華亞專事 DRAM 的生產，再交給南亞銷售，當然，南亞原來生產工廠繼續運作。在 2010 年前後那一波全球 DRAM 供過於求，價格掉到大家都虧損、經營都很慘，西門子也因為不堪賠損，將記憶體事業部門改組為「奇夢達」。2010 年左右，華亞為了繼續營運，需要增資，台塑決定不再參與增資，我去找美光，把華亞所有增資股份吃下來，所以，美光在華亞後期的時候，股份超過南亞，大約擁有 55% 左右，握有主導權，最後，促使南亞把剩下的股份通通賣給美光，由美光

100% 持有華亞股份。

繼續投入 DRAM 時，都是幾百億的資本，跟當初旺宏的幾十億資本不可同日而語。西門子公司在當時，是歐洲最強的 DRAM 公司，全球排名也在 3、4 名之間，後來不堪虧損將 DRAM 部門轉成子公司奇夢達，奇夢達後來再賣給美國的美光。

筆者：台灣從事 DRAM 的幾家大廠，當年也損失很大，記得德碁董事長施振榮跟我說，那幾年德碁就虧了二、三百億元，幸好後來台積電順利接手，政府為了挽救台灣 DRAM 產業，還主導了 TMC（Taiwan Memory Company）計畫。您也參與其中，經過了那麼多年，可否談談當年政府的這個案子？

高：2014 年，全球 DRAM 產業整併後，已剩沒幾家，三星電子與海力士雙雄並立，台灣幾家 DRAM 廠商岌岌可危，力晶、茂德、茂矽等幾家公司都快倒了。馬英九當總統，就指定經濟部長尹啟銘來推動 TMC 合併案，對抗兩家韓廠，基本上的想法是這樣。那時候有兩股技術合作對象，一是美光，南亞、力晶支持它，我也參與協助；一是日本的爾必達（Elpida），尹啟銘等人支持它。美光前任 CEO 史帝夫・艾丹斯提了一個方案，由政府出資三千億台幣，把現有資產都買下來，更新為新一代的生產設備，然後美光願意合作研發新一代技術。

宣明智提出的方案是 80 億元，把虧錢的幾家公司虧損打

掉歸零，然後與爾必達合資成立新公司，發展新一代技術；可是政府主其事者，不可能答應讓幾家公司關門。一開始，雙方接觸後，尹啟銘以為協議中，爾必達會免費移轉技術給這家合資公司，他跑到日本跟主導的通產省官員表達這個協議，通產省去了解後，結果是誤會，爾必達並未承諾移轉技術，因此，台灣政府所支持的資金就沒進去。這個案子就流產了。

開啟大陸記憶 IC 的先河

筆者：TMC 合併案失敗後，您怎麼會選擇前往中國大陸發展？

高：我 2004-2012 擔任華亞總經理，2012 年再回到南亞當總經理，兼華亞董事長，一直做到 2015 年華亞股權整個歸美光後，我覺得留下來也沒什麼意義，看到大陸剛成立半導體大基金計劃，覺得應該有施展身手的機會，於是就離開台灣到大陸參與規劃。

清華紫光集團當初規劃主要產品是記憶體 IC（Memory）這塊，有人向趙偉國推薦，2015 年趙就來找我，第一件事就是幫清華紫光談判購併美光。那次，坐上趙偉國的私人飛機，飛到矽谷聖荷西機場，我已跟美光 CEO 約定，在機場貴賓室一起見面，作初次的洽談。雙方才見面 15 分鐘左右，趙偉國就向對方出價，立即要併購（美光當時市值是 170 億美元），

我也傻眼了，美光 CEO 更覺得不可思議，那有認識才十幾分鐘，既不談原則與細節，也不多了解美光這方面的現況與想法，就馬上出價，如此草率？他就拒絕了。趙偉國背後的錢是中央發改委的基金支應的，是國家的錢。當初如果買成，是把 DRAM 跟 Flash memory 兩種技術都一齊買下來，那麼，大陸記憶體產業就會一下子擁有兩大塊記憶體領域的關鍵成熟技術，「吃緊弄破碗」，雙方談不成了。

筆者按：趙偉國「財大氣粗」，仗著全球記憶體產業還沒從巨大虧損中，恢復元氣，一方面心急又不熟悉西方商業談判這一套，以為，只要出的價格比對方要的高，就不必囉唆，立刻買下；何況，根據台積電前資深副總蔣尚義，在大陸被弘芯半導體創辦人李雪艷一手主導的大騙局騙得團團轉，可知，大陸企業的領導人許多說的、跟做的都是兩碼子事，答應了，卻遲遲未兌現承諾的事，經常發生。這也難怪美光負責人退避三舍，如近看來，美光當年是相當明智的決定。

為什麼選擇快閃記憶體 IC ？

高：我既然幫了趙偉國去談判，買不成美光，他們還是急著要建立「造芯」（晶片）產業，那到底要發展哪一塊？我建議他們走 Flash memory 這個方向；坦白說，這也是我的私心。如果做 DRAM 這一塊，DRAM 是我數十年的專長，台灣這方

面一定會有人說：老高是偷了台灣的技術過去幫紫光的，這就難聽了。後來，我被邀請擔任清華紫光集團下長江存儲的董事長，跟公司 CEO 楊仕寧博士（Simon Yang）及團隊討論再三後，決定走快閃記憶體（Flash Memory）這個領域。大陸研發人才很聰明、很苦幹，我們以三年時間，在 2018 年研發成功 3D Flash 的技術，從 200 層可以推疊到 300 層，是中國在半導體產業第一件完全自主開發的專利技術，在美國矽谷發表，讓美韓日各界刮目相看。這也是中國大陸發展半導體產業以來，第一個自主研發成功的獨特技術，成為記憶 IC 另一個主流技術。全球目前就海力士、美光有相近的技術，三星電子至今都未研發出來；Flash memory 從 2D 往 3D 走，是個全新的領域。

長江存儲是紫光控股集團旗下的子公司，因此，清華紫光與長江存儲同時可使用這項新技術，它是近年唯一領先三星電子與海力士的技術。這個技術與台積電先進晶片的 2.5D、3D 堆疊技術又不相同，所以，它無法應用在 AI 的 GPU 晶片製程領域。

然而，雖然有技術上的突破，清華紫光財務擴充方面，受到領導人的諸多想法限制，不願再增資，後來勉強湊集建廠資金，才在 2020 年把這項快閃記憶體技術量產。我跟清華紫光簽訂的合作合約是五年，因此，到了 2020 年滿五年，我就回到台灣。這幾年，除了協助幾家公司成為台積電供應鏈一環外，也因為過去的專業及人脈，繼續在記憶體產業裡面擔任顧問、諮詢的工作，跟清華紫光完全沒有關係。

中國半導體產業未來十年發展有希望嗎？

筆者按：2015 年清華紫光集團的主席趙偉國，執掌發改委半導體基金操盤，高啟全被趙偉國禮聘為長江存儲董事長，與大陸同事朝夕共事五年，至今仍然與大陸半導體業者時有聯繫，他非常清楚中國半導體產業的實力與狀況。

筆者：您覺得中國半導體產業在當前美國高科技輸出管制下，阻力很大，未來發展機會如何？

高：我先提示一點，中國在發展半導體產業的忍受度很高，所謂的「忍受度」，就是指：從事一項產業研發，商品化、不賺錢的忍耐程度比其他國家、公司持久。因為有國家的基金在支持，講到發改委半導體產業發展基金，從當初第一期一千億人民幣，第二期二千億人民幣，到前年第三期的三千億人民幣，國家支援的力道很大。重要的是，國家出資金，民間也會跟著投資，帶動的投資額有一、二倍，所以整體帶動的投資能量相當大，這點不可忽視。

美國的高科技輸出管制，確實對中國大陸產生很大的影響。自從川普 2020 年實施對中國高科技輸出管制後，因長江存儲提供記憶體 IC 給華為，所以跟清華紫光都被美商務部列入黑名單。美國這項政策影響太大了，大到連清華紫光、長江存儲這樣擁有自主技術的發展都受到限制。不管從記憶 IC 或晶圓代工來看，高端製程設備都因管制而難以取得，快閃

記憶體這一塊，因為不會用到 EUV 設備，在材料自主研發的前提下，2027 年以前，相對而言，發展機會較大。中低階的邏輯晶片及 DRAM 的製程設備及相關材料，中國會逐漸建立自主供應鏈，也有逐漸變大的發展空間。

至於，近年流行的 AI 晶片這個新領域，記憶體的技術如果整合成功，也許會搶到一塊市場，但在先進晶片代工製造這塊，除非台積電停止進步，否則，僅數千億人民幣的基金，也難以突破。

整體來看，中國大陸半導體產業未來十年，在 3D 封裝、快閃記憶體這個領域，很有機會發展起來。長江存儲已供應這類產品給華為，清華紫光建廠完成也開始量產供應，這是大陸給美日韓最大威脅的一塊。

筆者：中國晶圓代工產業相當下功夫，目前也是大陸這個領域領先的中芯半導體，前幾個月號稱 7 奈米製程技術研發成功，似乎突破了美國科技的管制，您怎麼看這件事？

高：中芯半導體在晶圓代工產業領域，算是做的最早、也是規模最大、營運最穩定的大陸晶圓代工公司，但在面臨美國高科技輸出管制之下，不止是艾司摩爾的高階 EUV 拿不到，先進晶片製造過程中牽涉到美日兩國擁有的材料、製程設備、軟體工具等的取得都相當困難。再者，實驗室的樣品實驗也許少量製作還可以，一旦進入量產，比的是量產良率，競爭力就相對困難多了。

即使幾個月前，中芯號稱用 15 奈米成熟製程設備串聯曝光幾次，也號稱研發成功 7 奈米的晶片產品，但是放到國際市場的競爭，要量產、高良率就面臨很大挑戰，成本會很高。國家支援半導體的基金近期（三千億人民幣）看來很大，問題是：台積電數十年來已建立龐大市值近兆美元的晶圓產能、雄厚專利與高階製造技術、數萬資深技術人才，基礎紮的穩穩實實，更何況，光是近五年投入建廠、擴廠的資金，就比三千億人民幣還多；此外，先進晶片領先的程度連英特爾、三星電子都追趕不及，大陸晶圓代工產業相比，更是遠遠不夠。

　　筆者按：中國大陸發展半導體產業，近年最大的挫折，當然是美國對它的種種科技管制與圍堵，無論是製造設備或晶片設計，最重要的軟體工具 EDA 等，他都難以取得。但是最近有個突破口，就是 RISC-V 技術，目前在這個領域最有成就的 SiFive 公司創辦人阿薩諾維奇，在 2019 年另成立了 RISC-V International，除了將總部遷到瑞士外，還引進中國企業大咖：阿里巴巴、騰訊、百度等企業，成為大股東，其董事會成員逾半都是中國公司，以此為據點，很可能突破大陸無法發展中國芯的困境。

台積電中國廠的策略

　　自由民主世界在 2000 年透過 WTO 推動全球化的時候，

各工業國家大型企業，紛紛到中國投資，台積電也是在這樣的氛圍下，分別在南京及上海、松江建置了兩座晶圓廠，也運作十幾年。從營運上來看，是一項很成功的海外建廠策略，目前還是著重在成熟晶片製程，未來何去何從？對此，劉德音表示，未來在南京跟上海松江的兩個廠，會繼續維持不變。台積電也在 2024 年 5 月底回覆媒體詢問時表示：「美國商務部近日已核發『經認證終端用戶』（Validated End-User, VEU）授權予台積電（南京）有限公司。此項正式的 VEU 授權取代了之前商務部自 2022 年 10 月以來核發的臨時書面授權。此 VEU 授權並未增加新的權限，而是確認了美國出口管制法規所涉及的物品和服務得以長期持續提供予台積電（南京）公司，供應商並不需要取得個別許可證。此 VEU 授權維持了台積電（南京）有限公司生產半導體的現狀。」

中國要自給自足、內循環，政府編列幾千億又幾千億人民幣砸進去，筆者也詢問劉德音，有沒有可能在五到十年內成為 TSMC 的競爭對手？對此，劉德音表示，半導體製造技術是一種動態目標（moving target），也就是說，後者要趕上前者，後者必須讓自己的進步速度快於領先者的進步速度。

如果像現在中國受到美國出口管制的話，保持前進速度是很困難的。何況，數十年來摩爾定律擺明了，每兩年晶片佈線就要進步一倍（或體積縮小 1/2），半導體產業跟其他產業是不一樣的，不是所有產業都可以每兩年斬獲一個技術進步。

5.3 台灣政府的政策與支持

　　想想看，全球沒有一個政府這麼多年來，對單一企業如此巨大又長期的支持，出錢、減稅賦之外，還幫這個企業找地、找水、找電、找人才，這就發生在台灣！這個政府指的就是台灣三十幾年來，不分藍綠執政的各個政府團隊，這家企業也許你已猜到了，那就是——台積電。

　　當 1985 年時，中華民國政府在台灣，一年的總預算不過數百億元，卻在那一年推出了所謂「VLSI 積體電路百億計畫」超級的政策計劃，這個大計畫內容有哪些？跟世界各國半導體產業的發展模式有什麼不同？台積電跟它之間有什麼關係？

　　讀者們知道嗎？台積電能有今天的傲世成就，台灣的歷屆執政者，規劃並執行了多項重大的半導體政策與方案，數十年的過程，傾全力百分之百支持，可說功不可沒。從 1980 起，四十年來，不管哪一個政黨執政，都會投入最大的力量，

注入資金、人才、土地、稅負優惠等行政資源，超前佈署水、電、人才教育等生產元素，使得台積電遍布全台灣北中南將近 20 座晶圓製造、封裝廠，從來沒有因人才不夠、缺水、缺電而停止生產。比較起全球一百多個進步的中大型國家，沒有一個國家能在以半導體爲主的政策眼光，以及執行效益諸多方面，可以跟台灣歷屆政府比擬，這裡就舉幾個具體例子。

人才養成始自 1970 年代

比起全球半導體產業的前五名，台灣在半導體人才的素質與數量僅次於美國，與南韓不相上下，你可能知道，台積電是 1987 年正式成立，可是遠在 1974 年時，時任經濟部長的孫運璿就與潘文淵顧問等人草擬了「積體電路發展計劃」，其中一項就是四年一期的電子人才培育計劃，台灣首批半導體產業研發、生產、行銷主管就是分別在那個時候，送到美國的 RCA 受訓，聯電的曹興誠、宣明智、劉英達及工研院電子所前後任所長史欽泰、楊丁元等人，後來都成爲台灣半導體產業的領導人物。

這個四年一期（共四期）的 IC 發展計劃，另一個成就重點，就是在工研院的電子所成立實驗性的晶圓工廠，經過數年的經營，其中四吋晶圓廠後來移轉出去，成爲聯電的第一座生產工廠，1986 年 6 吋晶圓廠再從電子所移轉出去，成爲

　台　積　電　制　霸　全　球　未　來　▲▲

台積電的第一座晶圓廠，要知道，這兩座實驗型工廠移轉的不是只有設備而已，更重要的是：工研院培養幾年的數百位研發、生產技術人才，跟著移轉到這兩家新創公司，減少了許多初創公司常見的研發遞延、團隊磨合內耗等風險，加速了新公司及早進入正常營運的腳步。

正因為晶圓雙雄一開始基樁站的穩，比起全球其他半導體同業來講，他們順利的展開初期營運、找到利基產品與商業模式後，迅速的成長。今天世界各地的半導體產業人士，了解兩家晶圓大廠一開始就有這樣的基礎，必然十分羨慕吧？當然，中國大陸政府十幾年來，也花費數千億人民幣，扶助包括中芯半導體、武漢存儲等上百家半導體廠商，近年繼續加碼數千億人民幣的基金，扶助他們。估計這 15 年之間，投入的政府資金已在一兆人民幣上下，除了少數幾家在記憶體 IC 這塊具備國際競爭力外，晶圓製造這方面，雖然也想盡辦法從各國外先進廠商挖取技術，然而，製程技術至今仍然落後台積電三、四個世代，先進製程產能更未顯現。相較於台灣早年投入的政府預算不過一、二百億台幣，其間差距上百倍，台灣的半導體產業政策，執行的績效，真是強過中國大陸數太多、差距太大了。

除了前述第一批數十幾位領導人才的培育之外，事實上，四期共 16 年的積體電路發展計畫，也在大學培養了一萬多位半導體初階人才。由於 1970-1990 年代是美國半導體產業的全

盛時期，因此，台灣這期間的上萬名大學、專科畢業生，大部分都到美國繼續進修，拿到碩博士學位後，留在美國的德州儀器、英特爾、RCA、IBM 等數十家中大型半導體公司上班。一直到 90 年代聯電、台積電逐漸壯大，IC 設計業在政府創投及新創政策鼓勵下，美國這麼多養在哪裡的技術、經營人才開始回到台灣。除了被台積電、聯電、世界先進、華邦、南亞科技這些擁有晶圓製造能力的中大型企業吸納外，不少的資深 IC 主管則以新竹科學園區作為基地，成群結黨紛紛成立 IC 設計公司。從 90 年代初期的幾十家，發展到 2020 以後的數百家，他們與晶圓製造雙雄（台積電、聯電）上下游的合作，逐漸形成正向循環，彼此相輔相成而壯大。聯發科、聯詠、瑞昱就是其中的代表作，他們三家經過三十年的高成長，如今都進入全球十大 IC 設計公司之列。2010 年後，這些 IC 設計公司的發展勢不可擋，成就了台灣全球第二大 IC 產業的地位。

這中間的關鍵，就是政府施政計劃的超前佈署，把眾多不同功能半導體人才培養出來，鼓勵出國進修，當本土產業逐漸壯大後，從美國回來的人才就成了主力部隊，讓企業變大之外，更加國際化。所有的產品研發都是面向國際市場，經得起競爭。而晶圓雙雄工廠初期就座落新竹科學園區，數百家 IC 設計公司所設計的晶片，在台積電、聯電一條龍（前端布置、產品測試、進入製程及高端封裝）的服務下，對台

灣規模初期相對小的設計公司來講，非常有效率、投資又不必很大。因此，商品化就變得相對容易，這兩大優勢，就是蕞爾小島的台灣，為何擁有世界第二大規模 IC 產業的關鍵所在。

土地、水、電的政策支持

前行政院副院長沈榮津可說是當今最了解，歷任政府高層對台積電全力協助的少數官員之一。因為，打從 1980 年代，他擔任經濟部工業局二組（掌管科技產業）科長開始，配合當時科技教父李國鼎領導的科技政策，工業局二組被交付的工作負擔相當大，也常是上級督導成效、協助台積電解決各種公共資源的主要單位之二（另一個單位就是科學園區管理局）。

全球任何一座晶圓製造廠，從土地整地、周邊建設到廠房興建、設備安裝到位，測試調整到開始量產，對毫無經驗的新創者來說，是非常艱鉅的任務，一搞五、六年都無法正常運轉是常事。然而，對全球建置多達二十座晶圓製造、封裝廠的台積電來說，該公司的廠務部門已練就一身的本領，新廠從規畫到進入量產，標準的時程就是 3 年！如果因為供應商配合、設備提前到位等因素，可以提早營運。台積新建暨廠務部門的高效率與責任心，令人激賞。

要知道，台積電的晶圓工廠產能，超出全球晶圓代工競爭同業數倍，卻又能維持長期穩定的營運，除了龐大資金的注入，以及上述專業又大量的技術人才培育外，規劃初期大面積地點又合適的廠地、穩定的電力供給、足夠而持續的淨水供應，都缺一不可。而這些關鍵的土地、水、電都是屬於公共財，都需要地方政府以及中央部會的全力協助。根據筆者從 1982 到 2020 年的親身觀察，經濟部及科學園區管理局（隸屬於行政院國科會）大概就是直接參與投入最多、貢獻最大的兩個政府部會單位。三十幾年來歷經的中高階官員，從部長到科長，少說有上百位，在台積電的發展過程中都貢獻了很多心力，是令人欽佩的幕後推手，台灣的半導體產業能有今天的成就，他們居功匪淺。

而前經濟部長沈榮津，可以說是，見證政府自 1980 年代以來四十年，對半導體產業，尤其是對台積電的全力支持最清楚、也是幫助非常多的決策官員之一。2024 年 4 月在接受筆者的專訪中，他指出：先進半導體是台灣產業政策數十年來發展的重點，在 N 世代等各項投資上，政府竭力協助半導體產業，解決各項關鍵問題，包括：土地、水、電等需求，並建立半導體相關產業鏈，才能讓台灣半導體先進製程維持領先地位。

為了解決半導體業者 N 世代投資所需土地，他在當行政院副院長任內，每 1 至 2 週召開跨部會協商會議，依據業者

投資設廠規劃及期程，盤點排除所遭遇困難，包括園區可行性評估與籌設許可、土地變更、環評、水電需求、用地取得、公共工程施作等議題。要知道，從民國 100 年以後，由於台灣各項高科技的創新與投入，行政院國科會管轄下遍佈於新竹、台中、台南等地的科學園區，不能滿足台積等半導體業者高成長的需求，在取得現有科學園區土地有限下，沈榮津必須會同各部會盤點評估各縣市潛在土地，引導業者轉赴台中、高雄等地投資。

而其中執行土地過程中最大的亮點，莫過於協助高雄市政府完成爭取台積電至楠梓閒置煉油廠區的設廠。一方面解決產業園區空置問題，在它修整後，又能成為高雄科學園區的一部分。於是 110 年底，一切規劃設計妥當後，台積電宣布至高雄投資，並於 111 年 9 月順利取得建照，按照進度，預計 114 年可以營運生產，這對高雄地區經濟的繁榮，也有相當的貢獻。

台灣電力公司（簡稱台電）是經濟部轄下的國營事業，在建設全島電力發電、輸配電系統方面扮演最重要的角色，從新竹開始的科學園區，由於是 1980 年代，政府為引導民間工業邁向研發、創新，而設立的高科技為主的工業園區，因此，輸配電系統、道路、水及污染處理都是採取高規格的設計、建置。後來，北中南科學園區陸續成立，分佈各地大大小小的科學園區有十幾座之多，每個園區的輸配電系統、變

壓器中心，台電的設計都超前大容量、規劃最新規格的設備。
在供電順序方面，台積電廠區一定排在該地區最優先供電順
序的首位，主其事的經濟部官員、台電高層充分了解，台積
電晶圓廠都是 24 小時 3-4 班運作，一旦斷電，一批未完成工
序晶圓所產生的瑕疵折損，高達數億元，停工一天，營收的
損失就是數十億元。因此，它所在的晶圓廠絕對不能因為缺
電、電力供應不穩而斷電，數十年來，除了幾次大地震，造
成非常短暫的切換電影響外，台積電十幾座晶圓廠一直保持
正常運作，從未斷電過，台電在支持台灣半導體產業的傑出
表現非常低調，卻值得全體國人充分的鼓勵與尊敬。

推動半導體先進製程

　　沈榮津經濟部長任內（2017-2020），積極規劃半導體先
進製程中心，以鞏固台灣半導體產業韌性，運用經濟部「大
A+ 科專計畫」，推動半導體材料及設備在臺灣的發展，並研
擬各種方案措施，吸引國際大廠來臺投資設立研發中心，更
重要的是，積極培養本地中小型科技企業，協助關鍵零組件
及材料的在地化，進一步完備台灣半導體產業生態體系。

　　在沈榮津積極協調引導下，除吸引 ASML 等國際大廠來
臺投資設廠及研發外，近 5 年政府也投入約 65 億元，協助
國內設備及材料業者投入研發，目前已帶動 137 項國產產品

進入半導體國際供應鏈。2024 年中，經濟部最具體的計劃，就是讓全球第一大 IC 公司 NVIDIA，雙方合作，斥資新台幣 240 億元，在台灣成立研發中心。

我們都知道，半導體產業不能只有台積電單一企業獨自壯大，長年跟隨李國鼎推動科技產業在地化的沈榮津，很清楚藉由台積電的規模與快速成長，所帶來每年數千億元採購的商機，積極培養本土供應鏈。從基建工程、半導體上千道製程需要的設備、液氣體材料、關鍵元件加以盤點，協助國內廠商參與供應鏈行列，這些供應商取得大廠驗證是其中關鍵；因此，政府就協助上千家設備、材料供應商通過台積電等半導體廠商的品質及可靠度驗證。這幾年在半導體前段製程設備、高階封裝設備及關鍵製程材料都有許多重要突破，台積電本身就地採購供應金額比重，已從 2015 年的 15%，成長到 2024 年的 35% 上下。

高階人才培育政策

2020 年執政的蔡英文總統相當關切半導體高階人才培育，就指示時為行政院副院長的沈榮津，以切合業界真正需求為導向，打造客製化高階人才培育機制，於是乎，在產官學三方合作下，在台大、清大、陽明交大、成大四所頂尖大學，設立半導體研究學院，培育高階半導體技術人才。

此外，沈榮津還邀集經濟部、教育部、財政部積極研議各種做法，這些重點計畫均已在 2018-2023 年期間，完成或執行中，他們包括：

——教育部為推動高階科學技術研發引領產業創新發展，透過產官學監督及參與機制的設計，聚焦半導體等七大重點領域。

——由頂尖國立大學設置「國家重點領域研究學院」模式，放寬組織、人事、財務、設備資產、人才培育及採購事項，引導企業研發資源結合大學研發能量，擴增碩、博士高階技術人才。

——民國 110-111 年核定國立陽明交通大學、國立成功大學、國立清華大學、國立臺灣大學、國立中山大學及國立臺北科技大學等 6 校半導體研究學院，由國發基金及台積電、力積電、日月光及聯發科等 60 家企業共同出資參與。這些半導體研究學院引導企業研發資源結合大學研發能量。核定每個半導體研究學院碩士班外加招生名額 30 人至 145 人、博士班外加招生名額 5 至 40 人。截至 110-111 年共計設立 6 所，均與約 7 至 14 家合作企業簽訂出資意向書，每年可獲得合作企業資金約新臺幣 1 億元以上。

——吸引包括印度、印尼、等新南向國家及東歐理工優秀學生來台就讀，提供獎學金及生活費等。

——在台灣科技大學、台北科技大學等技職龍頭學校，

成立「半導體產業學院」，培養一系列半導體研發、製程、行銷、設備各類人才。

　　以上的這些計劃在沈榮津擔任經濟部長及行政院副院長短短的四、五年內，一一付之實現，這就是有作爲的執行力。

　　除了前述，沈榮津也提出「矽導 2.0 計畫」的想法，並呼籲產業界認養，讓師資有彈性，共同啟動這個計畫，讓年輕學子看到業界的重視，願意投入半導體產業，讓 IC 製造、封測與 IC 設計能全面提升。

　　這些，都是台灣的執政者，無所不及，協助以台積爲首的半導體業者，發展短中長期營運競爭力的種種具體範例。

台積資金與股權

　　從 2024 年台積電的股東結構來看，最大的股東「行政院開發基金」佔的股權單一比例最多，也不過 6.38% 左右，即使加上廣義的官股「金融機構持股 2.8%」及其他法人的 4.55% 中的某些比例，整個加起來，跟外國機構、外國人持股合計的 78.48%，不成比例。那爲什麼政府對台積電的董事會有最大影響力？因爲，外資中的 78.48% 是非常分散的，可能有數百個機構或法人，持股最多的單一機構不會超過 2%，何況這裡面還有若干比重是「假外資」，也就是台商放在海外的資金、基金所投資的。如果把台積員工、公司庫藏股等都計入，

那麼執政的官方影響力就舉足輕重了，這也是台灣的歷屆執政者有權利也有責任照顧台積電的背景原因。

今天的台積電無論是在台灣發行的股票，或美國上市的ADR，都是公開、透明、自由買賣的，並且，由於股份超過46億股，市值高達8千億美元以上，也是自由資本市場任何單一機構或法人無法操控的。

正因為台積電數十年來，年年獲利，近幾年的利潤每年都在五、六千億台幣以上，除了發放給股東的股利年年加碼外，其盈餘保留的資金都在300億美元以上，所以也不用擔心資金不足的問題。因此，從資金面來看，台積電應該是全球極少數年年投資超過2、3百億美元，卻滿手現金財務極健康的大型企業。

政府在1986年協助籌集資金，讓台積開始營運後，就不再擔心它的發展資金，從這一點來看，張忠謀奠定了非常健全、良好的營運體質，讓它在成立三、五年之後，即使像台塑、飛利浦這樣初期大股東賣掉持股，也不影響資金的流動性，因為官股還是最初十年營運最大的支柱，這一點，也是它不同於海內外半導體公司的一個特質。

台積公司反貪腐承諾

「誠信正直」係台積公司之核心價值，台積公司對貪腐行為採取零容忍政策以杜絕貪腐。貪腐行為包括賄賂、疏通費、回扣、串謀、侵占、舞弊、竊取財物、以及意圖以不當方式影響第三人或意圖圖利自己致使公司受損等行為。

台積公司所有董事及員工，及任何基於與台積公司業務往來之目的而為台積公司或代表台積公司為行為之第三人（"商業往來對象"），均應知悉並遵守台積公司所制定之反貪腐規範。

禁止賄賂

台積公司禁止提供或收受賄賂、疏通費或回扣等行為。與台積公司或代表台積公司而有業務往來之人不得基於賄賂目的而提供利益，不論提供者或收受者之一方係政府官員或一般個人。

何謂賄賂？
賄賂指基於影響他人行為或決策以獲取或維持商業上、法規上或私人優勢的意圖，所提供之任何有價值之不當利益。賄賂包括回扣以及疏通費。所謂疏通費，係為加速政府官員日常行政處理速度所支付的小額賄款。

何謂利益？
所謂利益，係採取廣義之解釋，包括一切有形與無形之利益，例如禮物（包括現金以及約當現金）、娛樂、旅遊、飲食及住宿、招待、借貸、股權或對未來聘僱機會之提供等。

何種情況下合宜的饋贈可以被允許？
無論是提供或收受饋贈原則上均應避免。如確實有提供或收受饋贈的必要，應符合下列所有要件：

- 合乎公開性、透明性與非頻繁之原則；
- 合乎通常社交禮俗，並為法律所容許，且其動機僅單純表達謝意或敬意；
- 不會導致利益衝突；
- 利益之價值應合宜，且以新台幣 3,000 元為上限；
- 不可以是現金或約當現金（包含有價證券或禮物卡）；以及
- 利益之提供或收受是否符合非頻繁原則，應按照一般通常社交禮俗進行判斷。

迴避利益衝突

台積公司員工以及為台積公司提供服務之人，應主動避免實際或潛在的利益衝突。若該利益衝突無法避免，應向台積公司申報或通報該利益衝突情事。

May 2019

何謂利益衝突？

當個人活動或私人關係實際上或可能干擾其公正客觀履行工作職責並依據台積公司之最佳利益做出業務判斷時，即存在利益衝突情形。利益衝突情事包括如：

- 員工或其近親於台積公司客戶、供應商或競爭公司擔任任何職位；
- 員工或其近親對於台積公司的客戶、供應商或競爭公司具有財務上利益；
- 員工未經事先許可，將台積公司的資源用於其私人事務或獲取私人利益。

無法避免之利益衝突應如何處置？

台積公司於必要時將會採取適當的措施，包括調整職務、工作內容或業務關係，以減低此類無法迴避之利益衝突。

商業往來對象之選任與管理

負責選任台積公司商業往來對象(無論是企業或個人)之人員，應於選任前就該商業往來對象進行適當之評估，確保其具有良好的商譽。

負責管理、指揮或監督商業往來對象之人員，應注意該商業往來對象是否遵循台積公司從業道德要求以及反貪腐相關規範，並及時舉報任何違反之行為。

政治及慈善捐獻

台積公司以及其子公司原則上不做政治捐獻。台積公司為外資持股過半之企業，依據臺灣法令台積公司不得為政治捐獻。

使用台積公司財產所提供之慈善捐獻，應符合相關法律且事前經台積公司董事長之核准。

保持記錄完整性

所有財務交易，包括對於餽贈及交際費之核銷，都應妥適記錄。所有相關記錄，包括發票、費用記錄、以及其他商業記錄，都應允當表達該交易。不得以任何方式誤導事實、遺漏資訊、或竄改記錄或報告。

舉報管道

如果您對於潛在或實際違反台積公司反貪腐規範之情事有任何問題或疑慮，請您立即透過您的業務聯繫窗口或是經由下列舉報管道向台積公司通報：
https://www.tsmc.com/tsmcdotcom/EthicsReportSrv/chinese/index.html

舉報者之保護

台積公司禁止對善意舉報實際或潛在違規行為或參與違規行為調查之人採取報復手段。

附註：
台積公司反貪腐承諾係摘錄自「台積電從業道德規範政策」以及「台積電反貪腐及利益衝突迴避準則」。
如果您對台積公司反貪腐承諾有任何建議或疑問，您可以經由下列管道與我們聯繫：
https://www.tsmc.com/tsmcdotcom/EthicsReportSrv/chinese/index.htm

May 2019

BIG 445

台積電制霸全球未來：
從人工智慧、機器人到電動車，未來十年全世界仍是台積電的天下

作者	王百祿
圖表提供	王百祿
主編	謝翠鈺
企劃	鄭家謙
封面設計	陳文德
美術編輯	趙小芳

董事長	趙政岷
出版者	時報文化出版企業股份有限公司
	108019 台北市和平西路三段二四〇號七樓
	發行專線｜(〇二)二三〇六六八四二
	讀者服務專線｜〇八〇〇二三一七〇五｜(〇二)二三〇四七一〇三
	讀者服務傳真｜(〇二)二三〇四六八五八
	郵撥｜一九三四四七二四時報文化出版公司
	信箱｜一〇八九九　台北華江橋郵局第九九信箱
時報悅讀網	http://www.readingtimes.com.tw
法律顧問	理律法律事務所｜陳長文律師、李念祖律師
印刷	勁達印刷有限公司
初版一刷	二〇二四年十一月八日
初版二刷	二〇二四年十二月十三日
定價	新台幣四二〇元

（缺頁或破損的書，請寄回更換）

時報文化出版公司成立於一九七五年，
並於一九九九年股票上櫃公開發行，於二〇〇八年脫離中時集團非屬旺中，
以「尊重智慧與創意的文化事業」為信念。

台積電制霸全球未來：從人工智慧、機器人到電動車，未來十年
全世界仍是台積電的天下/ 王百祿作. -- 初版. -- 臺北市：時報文
化, 2024.11
　　面；　公分. -- (Big；445)
　ISBN 978-626-396-905-6(平裝)

1.CST: 台灣積體電路製造公司　2.CST: 半導體工業
3.CST: 人工智慧 4.CST: 產業發展

484.51　　　　　　　　　　　　　　　　113015325

ISBN 978-626-396-905-6
Printed in Taiwan